吃了吗？

chi le ma?

[德] 李碧雅 著　丁建新 译
Rabea Maria Glotz

北方联合出版传媒（集团）股份有限公司
辽宁科学技术出版社

目录

李碧雅（Rabea Maria Glotz）回顾了在中国辽宁省沈阳市生活的近七年。2012 年，她与丈夫和当时只有八周大的大女儿一起移居中国。她的二女儿出生在沈阳，所以算得上是真正的“东北人”。2013 年底，李碧雅一家回到德国并在德国生活了五年多后，最终于 2019 年夏天与丈夫和四个女儿一起搬回沈阳，而他们最期待的是那些非常美味的食物。现在，她和家人住在北京。

李碧雅在中国开始了她的写作生涯，曾出版关于中国文化的德文、英文、中文三语版本的儿童读物。她由衷地希望自己成为中外文化沟通交流的桥梁，传播美丽的中国文化，促进中外文化交流。

她想在这本书中分享自己通过食物发现而了解中国文化的一些见解。在国外找到正宗的中餐并不容易，所有在中国生活的外国人都知道欧洲的中餐和真正的中餐的区别。通过美食发现外国文化是极具意义的人生经历之一，它会将你与这个国家的根源联系起来。家人、朋友、外国人、陌生人，食物将人们联系起来，完美地创造了相互沟通、了解的可能性，帮助人们更好地了解彼此，进而深入了解彼此的文化和习惯。

李碧雅通过真实的生活故事带你踏上中国美食探索之旅。请先确保现在在你的附近有一家不错的中餐馆，因为这些令人垂涎的故事会让你对中餐产生渴望。

First culinary experience

1 初次品尝

“……你要是这么说……”是我只好说的话。倦怠、疲惫、空着肚子，我真的不再挑挑拣拣了。不过一进饭馆，我又冲动起来，只想掉头而去。好在这阵冲动比不上疲惫、倦怠和饥饿叠加的浪潮强烈，要走也走不动了。刚经过长时间的洲际飞行，我的首次亚洲之旅，到了晚上，我们才来到这个吃饭的地方。

这次出行就是我们家的大搬运。到达沈阳，我们在机场受到一位宝马 5 系车司机的迎接。一见我们的大堆行李，他几乎昏了过去。两个成年人、一个出生八周的孩子，还有十个箱包，绝对塞不进车里。所以我们打电话给我丈夫他们公司，最后决

TRUNK
TRAVEL

定再找一辆有司机的出租车。于是我打车，而丈夫和宝宝跟司机乘宝马车走，这看来对宝宝更安全。怎么说好呢，对于我，在中国的首次乘出租车更像坐过山车，而非出租车。司机答应跟着宝马，而一起步就落下了……一路再没看见那辆宝马车。我绝对肯定，再也见不到心爱的丈夫和可爱的宝宝了。只是不知怎么回事，司机努力找到了正确的地点。尽管车库入口的指示牌上写着“出租车禁入”，他还是设法进入了社区的停车场，这社区正是我们接下来两年的新家。谢天谢地，我的丈夫和宝宝也安然无恙地到了。安家公司的一位女士迎接我们，带着我们前往公寓。

房间是真漂亮。装修精致，铺设着深色木材和浅色石材的地面，我们实在期待使这里成为家。不过要安置下来，还是得买些必不可少的东西。于是司机送我们以及安家公司的女士去宜家，以便购买最要紧的物品，从而得以在此度过头一晚。我们以为只是迅速去那里，买东西，很短时间就回来。可是本应知道在沈阳，一个 800 多万人口（2022 年）的城市里，路程比德国的长得多，交通更拥挤，所以说，办什么事都需要更长的时间。我们已经疲乏,加上时差,再去宜家,实在是走不动了……可是又饿。结果，先前于 2005 年就在中国待过六个月的丈夫决定我们睡觉前出去尽量找些吃的。

这样我们就穿戴起来，裹得严严实实，因为这是一月初，而中国东北的冬季以天寒地冻著称。随后我们出门去寻找一些吃的东西。时值冬日，在餐馆外难以判断里面藏着什么，因为窗户上哈气凝结。正当我们路过一家饭馆时，门口悬挂的厚实塑料帘子掀开了，那是为阻挡寒气涌入而设的，打开的还有老旧并且局部破损的玻璃门。一些男子走出来，身穿带金色纽扣的暗绿大衣、深色的不够干净的厚棉裤，戴着皮帽子。趁此时机我们得以瞥见室内。丈夫认定这是个吃晚饭的好地方，我们走了进去。我在中国的首次饮食冒险就这样开始了。

我发誓，如果我没那么疲乏，如果丈夫没决定尝试一下，我是完全不会自愿进入这个地方的。里面人声嘈杂。食客坐在金属小桌旁，对着面条汤碗。我们走进时，他们抬起头盯着看，就像发现了刚被隔空运到这家饭馆的火星人。瓷砖地面一片狼藉，客人丢弃的烟灰、碎骨、菜叶、各种海鲜外壳，当然还有他们鞋底从街道带进来的冰雪印迹。女服务员正要清理桌子，那是离开的人在我们进来时空出的。桌上当地“雪花”牌啤酒的空瓶林立，加上残羹碎屑，显得桌面满满当当。服务员拿了个塑料盆，把剩饭剩菜一股脑划拉进去，并抓起一块不够干净的抹布，马马虎虎地擦擦桌子，就为我们准备好了位置。我简直没勇气触碰任何东西。

饭馆后部有个敞开的窗口，横跨整面墙，通向厨房。里面三个人手脚麻利，正在操持饭菜。那里有几个大蒸锅，成摞的竹笼屉，还有炉火。一位厨师手持大勺，大到我前所未见，扭转开关，火焰变大了。同时厨房抽油烟机启动，发出令人不安的很大声响，充斥整个室内。厨师飞快地翻炒一些食材，不过是片刻之后，就把一道菜倒在一个白色瓷盘上，看起来比我在德国中餐馆尝试过的任何菜肴都好吃。

这一刻我的心情变了，我期待着在这里品尝一些食物。但首先，我们必须克服一道障碍，即在对中文一窍不通，或不知道任何中国菜肴名称的前提下点菜。幸运的是，我丈夫还记得若干菜名，那是他头一次待在沈阳时得知的。于是他试着尽力点了一道菜，据其记忆叫什么“Muschi süße”。这让女服务员花了些工夫理解，不过她恍然大悟道：“啊，啊啊啊，木须柿子！”我丈夫记得的另一道必吃菜是“Guobaorou”。所以我们点了这两样菜。接着，丈夫和女服务员在饭馆里转了转，看看其他顾客晚餐吃的什么，又点了两种。这样，我们定下了木须柿子（基本是打鸡蛋配西红柿，但必定有秘密作料，因为惊人地好吃）、锅包肉（炸制糖醋猪肉，跟你在德国中餐馆吃到的任何糖醋猪肉没一丁点儿关系）、熘肉段儿（炸肉配青椒辅以神奇调味汁），还有用菠菜和花生米拌成的一道凉菜。

这天晚上，我爱上了中国菜。我从没吃过这么美味可口的中国菜。你能够品尝到不同食材的完美搭配，创造出最和谐不过的味道，从而造成你的口腔从未体验到的味蕾爆炸。

Wifi密码
12345678

直到今天，我都深深地感激丈夫于 2012 年这个寒冷的冬夜毅然进入这家饭馆。这个地方成为我们钟爱的餐厅。我们跟老板和他的家人成为朋友。在 2013 年离开中国前，我们还在这里举办了告别派对。多么美好的故事。

Hot Pot restaurant

2 火锅店

接下来的几星期，对于我是一次重要的美食之旅。我们尝试了附近的每一家餐厅，即使是最小、顾客最少的，也发现了所吃过的最好的食物。一位中国朋友，我丈夫头一次待在沈阳期间认识的，推荐给我们一种在餐厅用餐的全新吃法。一出门就吃得到。

火锅店的餐桌都安装有一种烹饪炉。丈夫和他朋友告诉我，它们是电磁炉。我们得在菜单上选择一种汤底，女服务员给每个人端上来一只小锅，盛着热的肉汤。不妙的是，我丈夫好像选错了汤。他仔细地看了看，发现是龟汤，里面煮了一整只小龟，这不是我们在家里通常吃的东西，老实说，这使我们大为震惊。我们觉得很不爽、难过，一心认为真没必要为了做碗汤而杀一只龟。不过我们努力冷静下来，只是没用我丈夫选的汤底。

朋友点了其他所有菜品。我们得到的是许多生的食材：肉、蔬菜、各种豆腐、海鲜……桌上摆满了新鲜、令人垂涎的美食。接下来,朋友带我们前往一张自助餐台,固定在餐厅的一面墙上。这里有各式各样、五花八门的调味汁：芝麻酱、酱油、鱼露、蚝油、辣椒油、香油、醋，以及葱、蒜、花生和香菜之类剁碎的食材，此外还有盐、干辣椒、糖等作料，当然还有 MSG（味精），等等。从所有这些原料中，你可以出于个人喜好，选择拌和成真正属于自己的调味汁。我们就做出尝试，以芝麻酱打底，添加了其他一些材料，带回席位，担心着别挑选了任何不待见的东西。

然后我们就吃了起来。几个人随心所欲地把任何中意的食材放进自己的小锅里，稍稍煮一会儿，就捞到自制的调味汁中蘸着享用。多么奇妙的用餐创意！多么完美的朋友聚餐！就餐需要几个小时，你可以享受极其美好的谈话、欢笑，分享对各种话题的看法，同时沉迷于美味、新鲜的食物，蘸着自己最偏爱的调味汁。在德国,我们偶尔请人吃这类一起动手做的饭（风格非常不同），但主人有许多工作要做，事前准备和事后收拾。在这里，你们到餐馆会合，吃完了抬腿就走，不用准备，不用事后归置。虽然我彻底爱上了这种用餐创意（龟汤除外），以及

免费调料区
今日特价：
手切牛肉 26
鲜鱼丸 22
拌花菜 23
鲜橙汁 8

随之而来的所有风味和体验，丈夫倒不是火锅的忠实粉丝，因为他更喜欢出去吃，吃一顿现成的饭菜而无须自己动手。但我认为，他也享受当天晚上这张小桌子旁的欢声笑语，以及跟朋友共度的完美时光。在随后的几周里，我们在附近发现了另一家火锅店，那里全桌共用一只大锅。后来我们得知，全桌一只大锅比单人小锅更常见。

BBQ restaurant

3 烧烤店

就在朋友推荐的火锅店隔壁，还有一家餐厅。我们一直没真正弄明白，它到底是哪种餐厅。每次路过我们都试图获取更多信息，但还是没能完全了解。它是半地下房屋，有窗户面对街道。我们看得到的是桌子，桌子中间悬挂着一种炉子排气扇。下边看来有人在烹饪。在房子的一角，墙外有个大管子吐出烟雾，散发着炭火和烤肉的气味，在街道上四处弥漫。每次窥视里面都使我们越发好奇，终于，有一天，我们下了决心，索性进去瞧个究竟。

我们有几分紧张，因为当时几乎一句中国话都讲不了，也无从设想会是什么情况。我们被安排到一张桌子边坐下，桌子当中有个洞，顶上是配套的炉子排气扇。服务员送来菜单，耐心地等在桌旁，好写下我们所点的菜名。我们看了一下菜单，它跟我们国内的一般菜单毫无共同之处，只是显得像一本特大号的五星级光面杂志。照片显示了大量生肉，从羊肉到牛肉，从小牛肉和猪肉到鸡肉和海鲜。有各种各样的新鲜蔬菜，比你在任何超市所能见到的都多，鸡蛋、豆腐，等等。其实跟火锅店的菜单很像，也许肉类更多，甚至腌制的肉块。

当我们还在钻研这份硕大而漂亮的菜单时，另一位服务员端着一盆发光的炭火来到桌旁，小心翼翼地安置到桌上的孔洞里。他打开排气罩的风扇，把它拉近桌面。然后他消失了一小会儿，随即返回，带来一个烧烤架，放到炭火上面。这一刻我俩恍然大悟。这是一家烧烤店。我们点了些不同的肉类、蔬菜和配菜，兴高采烈。服务员端上各种作料和调味汁，还有一只金属盘，盛着烧烤夹和剪刀。剪刀？怎么是剪刀？丈夫和我交换了几次困惑的眼神，不过决定只是等着瞧。服务员无须具备未卜先知的能力也能明白我们完全不知道怎么在此用餐。他于是出手相助，熟练地取了肉放到架子上，用烧烤夹不断地翻动。那是又薄又大的一片肉——牛肉，我猜测。我们怡然自得，喝了些爽口的当地雪花啤酒，那是我们已经学会细细品味了的。另外观看服务员做他的事，他突然伸手去抓剪刀，这使我俩都密切关注起接着会发生什么。我们根本想不出他要用剪刀干

什么。

他左手拿着烧烤夹，从架子上夹起那片半熟的肉，右手操起剪刀，把肉剪成方便食用的小块。之后，他又把它们搁到架子上片刻，翻了一两次，然后才把它们送到我们的盘子里来吃。哇，太神奇了。多么有效而简单的办法。我们印象非常深刻，在此之前从没见过任何人用剪刀来分割肉。尽职尽责的服务员按某种顺序为我们烤制了所有的肉类，时不时把架子换成新的、干净的。他向我们展示了如何用做沙拉的菜叶包裹烤好的肉片、大蒜和其他蔬菜，再卷起来，浸入一种特别的调味汁中。非常好吃！这天晚上，我们在一家餐厅发现了另一种新的用餐方式，从来不知道它会存在于这个世界。我俩太喜欢它了，经常来这家餐厅享用这些好吃的烟火烧烤美食。

Introducing Shenyang's delicacies to my brother

4 向弟弟推荐沈阳美食

在沈阳的头几个月，弟弟告诉我，他不得不去日本出趟差。弟弟很怕乘坐飞机，讨厌长途飞行。在我们离开德国之前，他告诉我，他根本不会来看我们，因为实在受不了这种长途飞行。现在我的机会来了。我对他说，他非得在沈阳停留几天，否则失之交臂就会毕生再也无缘见识中国，这个令人惊叹而真正印象深刻的国度，哪怕一小部分。他也就同意了。

遗憾的是，他只有几天和我们一起度过，所以我硬要他每天吃两三顿，以便尽量地品尝到惊人的佳肴美馔，这些都是这个城市所能提供的。见我对此地的食品这般热心，以至弟弟迫不及待地尽其可能地尝试。只是头两天之后，他觉得自己再也吃不下任何东西，因为太饱了。无论如何，别无选择。我带他去了更多的地方，在这段短暂的时间内尽可能多地体验。他吃到了火锅、烧烤、饺子，以及种种美味可口的东北菜，比如锅包肉、地三鲜、拔丝地瓜，等等。

沈阳的饮食之旅结束后，弟弟说，自己再也不会像以前那样，在一家德国中餐馆享用食物了。他被“dongbei”（东北）菜的惊人美味彻底降服。像你在德国点得到的糖醋猪肉，跟他在这里品尝到的又薄又脆、酸甜适口的美食毫无关联。德国餐馆里的茄子不过是些油乎乎、软塌塌的切片，而在此地，它们酥脆、喷香，如此汁液浓浓，味道满满。作为小时候只吃妈妈所做的饭菜的人，弟弟真的很勇敢，肯冒险。他甚至尝试了鸡爪子。

来到沈阳数日后，他的简述为，在来到这里之前，他对中国和地道的中餐一无所知。而这次他印象如此深刻，感觉如此享受，以至预订了明年的另一趟航班，以便带女友（美妙的是，如今成了他的妻子）来和我们共度更长时间，而顾不得自己畏惧飞行。多么成功。

Introducing our kids to dongbei cuisine

5 让孩子吃东北饭菜

我们到沈阳时，女儿八周大。我无须操心她的食物，因为她吃母乳就可以了。在她六个月的时候，我也开始逐渐喂她一些别的食物。首先，我自己动手，用当地市场的新鲜蔬菜给她做婴儿食品。她喜爱这个。她是个爱吃的宝宝。她快速地从只吃蔬菜和水果，经由米饭和面条，发展到基本上什么都吃。我俩去餐厅吃晚饭时，总是确保也点些她可以尝试的东西。不然她会由于我们没跟她分享食物而生气。她最爱吃、至今仍然非常爱吃的是饺子。

一天，我们去了附近的一家小饭馆，我们真的很喜爱这个地方，因为这里有这个城市里做得最好的干煸四季豆。我们点了豆角、一些饺子和蚂蚁上树。女儿非常想尝尝蚂蚁上树，我们就让她吃了一口。没想到粉条的质感对于她是陌生的，她嚼不动，就直接吞了下去。突然，我们看到她干呕，一根粉条还挂在嘴边。粉条显得超级长，长到前半段已经进肚了，剩下的还在盘子里。我们赶紧截断粉条，她从而得以咽下其余部分。这以后，我们只一点儿一点儿地给她，使她能够下咽而没有呕吐的风险。

作为火锅爱好者，我们最中意的餐厅之一是海底捞。它是家火锅店，以优异的服务而特别有名。在我们到中国头一年的初夏，公公婆婆来沈阳看我们，大家愉快地一起出门，参观沈阳故宫，随后在这个历史名胜区域闲逛。感到饿了时，我俩决定带他们去海底捞。到达之后，我们的小家伙累得不行，几乎趴在我丈夫腿上睡着了。女服务员一见，就叫了几个同事，他们一起走开片刻，带了一张婴儿床回来。我们把孩子放进去，他们用毯子盖好她，就连她睡在我们桌旁时都留意着她。我们得以享用晚餐，没受任何干扰。在中国，服务真的很棒。不仅在这家餐厅，而且在中国各地，我们都体验到了非常高的服务标准，特别是带着孩子的时候。

一次，丈夫邀请一些同事到我俩中意的一家饺子馆聚餐。时值冬季，户外气温为零下 20 摄氏度。所有餐馆都给大门加装了厚重的棉门帘，以便抵挡室外的严寒。这家餐厅是个非常讲究的场所，装饰着美丽的木雕，备有一些包房，一间连一间，都是相通的。我们被安排在最后一个房间，它很大，而我们人数也很可观。我家孩子经常出外吃饭，也就习惯了餐厅的氛围：嘈杂、气味和一切。她是个非常乖的宝宝，从来不怎么哭，大多数时候都快快乐乐的。这天晚上她却止不住哭叫。我俩给她吃的，水、牛奶，想方设法哄她，可她就是一个劲儿地哭。而且由于天冷，到室外去也行不通，所以我俩一直尽力安抚。过了很长时间，我们意识到，大家几乎都得时时张大嘴巴，以便调节耳中的负压。这会儿我们明白了问题所在：为了挡住室外的寒冷，餐厅密闭得这么严实，致使厨房里强劲的排气扇造成了负压。婴儿适应不了这个。我们就请女服务员理解，打开窗户，尽管外面很冷。宝宝平静下来，很快就睡着了，我俩仍然可以和我丈夫的同事共度好时光。

随着时间推移，我俩发现一些家庭跟我们一样喜爱中餐，尤其是这里的东北菜。我们开始逐周聚会，每逢星期日晚上就到餐饮场所去体验，范围为整个城市。大家称这些聚会为“家庭晚餐”，人人都迫不及待地期盼周日晚上的到来。我是如此喜爱这些夜晚，在沈阳当地生下第二个女儿后，就又跟别的家庭到一家饭店聚餐，当时孩子生下来才五天。饭店的工作人员难以置信，这个婴儿出生连一周都不到。他们大多数从没见过这么幼小的婴儿，因为中国女子通常不带新生儿出门，至少在最

初的一百天内。他们的反应包括从惊恐经由好奇以至兴奋和钦佩种种。不管去哪里吃饭，大多数时候，我们的孩子都是服务员乃至顾客关注的中心。中国人非常喜欢见到西方孩子习惯于中国食物，比如嚼鸡爪子，或啃羊腿等大骨头上的肉。当服务员接受点菜时，孩子们兴奋地齐声喊起“饺子”，就像出自一张嘴。完美地发出这个中文词的音，足以使他们开心一整天。

事实证明，我们每周家庭聚餐的参与者是真正的朋友，这份友情在大家居留中国期间一直持续。2013 年底，我们一家回到德国。待其他家庭全都重返德国后，我们又为家庭聚餐而组合起来。这回的使命是在德国发现如此这般的中餐馆：它们所提供的并非欧化版本的中餐，而是真正的中餐。这一使命大获成功。我们发现，德国的许多中餐馆都备有两份不同的菜单。一份给中国顾客，一份给其他顾客。所以我们进店后，告诉女侍者的首先就是，“gei women zhongguode caidan”（给我们中国的菜单）。大家解释说，我们在中国待过，想吃正宗的菜品。大多数时候，经过努力真就获得了这样的食物，非常接近在中国时迷上的惊人的滋味和特色。我们甚至设法找到了一家餐厅，是由一位沈阳籍厨师经营的。

6 呱呱叫的虾？

Ribbitting prawns?

作为外国人在中国生活，你会遭遇一些非常奇怪的食物，它们起初会扰乱你对食物的理解。其中有些过了段时间就变得正常，有些甚至可能会进入你最喜欢的菜肴单子，而另一些仍然是你永远不会适应的“奇怪食物”。我们需要适应的是许多餐馆入口处所展示的活的食物。鱼缸里有鱼和海鲜，甚至见得到青蛙。每次在餐馆看到这些生物，我的孩子都会为它们感到不安。

在公婆来看我们期间，有一回，我俩带他们去了附近一家从未光顾过的餐厅，而它看来是个相当不错的所在。出门散步或去另一家餐厅时，我们多次路过这个地方。它正处于公交站的街对面，我们经常在站点等公交车来，带我们去市中心。所以，进去体验一下已经上了我们愿望单子有些日子了。从外面看，它有几分像座宫殿，周边有柱子，门口雕着两条大龙。通向入口的楼梯铺着红地毯，以金色的条状物固定。开业期间，甚至有两名男子在门边迎候客人，身着得体的黑色西装。透过临街的宽大窗户，看得到天花板垂下数盏硕大的枝形吊灯，华光四射，闪闪烁烁，散布着温暖雍容的光线，营造出皇家般的气派。

于是那天晚上我们就准备好一探究竟。迎候我们的是一个显得更像五星级酒店餐厅的大房间，配备深色木料制成的大圆桌，带软垫和靠背的又大又重的椅子，以及地板上又厚又软的地毯。菜单印制精美。由于不认识中文，我们通常凭着菜单上的照片点菜。我注意到菜单上有虾，剥皮去壳，淋上令人垂涎的调味汁。我丈夫不怎么爱吃海鲜，公公也一样，可我知道婆婆喜欢，我也是。我提出给我们点这道虾，她高兴地赞同。所以除了京酱肉丝、肉末茄子、麻婆豆腐和木须柿子，我们还点了这道虾，它对我们是全新的。

这道菜一端上来，我们就等不及地要尝尝了。它看起来惊人地味美。我们吃了起来，首先没想到的是质地。它好像比平常的虾要软些。肉块的形状也不同寻常。随即突然间，我的牙齿被什么硬东西妨碍了咀嚼。哦不，我赶快把它取出来。很难

餐厅水产区
请不要触碰
Please do not touch it

说它是什么，不过大家都同意，它一定是某种骨头的一部分。我们发现了更多。虾的骨头？那么还能是什么？鱼？可是鱼骨要硬些，也大些；更接近鸡骨，但还要本色，几乎纯白。我们到底在吃什么呢？管他的，味道好极了，大家很爱吃。

直到离开餐厅时，在入口处，我们才看到盛着活蛙的大水箱。随后大家发现，餐厅的标志上也绘有一只蛙。先前见过这个标志多次，就是没意识到它绘有一只蛙。这下子我们无意间发现：这是家有名的牛蛙餐厅。所以事情很清楚，自己刚刚拿什么当了晚餐。有件事是肯定的：假如知道是蛙，我们绝对不会点这道菜。那样就会失去这次经历，而老实说，我非常高兴我们不曾错过。

7 蚕蛹

回想 2012 年，我们初次来沈阳的时候，西餐厅、超市等并不多。提供西餐的处所以一只手的手指就数得完。最有名的地点之一是五星级饭店“凯宾斯基”的“普拉那”啤酒坊和餐厅。这里也是承办派对的著名场所。在德国，每逢二月，各地都会庆祝狂欢节，当然主要是在科隆、美因茨和杜塞尔多夫等狂欢节中心城市。德国人甚至称狂欢节为一年的“第五季”。为了也能在沈阳庆祝，我丈夫所在的公司在“普拉那”餐厅组织了一个大型派对。对刚到沈阳的我们来说，这也是结识本市外籍群体的极好机会。我们得到了一个很棒的夜晚，很多的德国啤酒，当然还有很少的睡眠。

第二天早上我去买菜。我更愿意在周末购物，因为丈夫在家看孩子，我一个人行动要快得多。我带着婴儿时，我们总是被好奇的眼睛以及试图触摸婴儿的人围绕，他们拍照，跟她自拍，还想知道有关我们的一切。我就去当地市场买新鲜的水果和蔬菜。在蔬菜区中部，我把很多东西放进了购物车以后停下脚，掏出购物清单，打算查看还需要什么。

我由眼角瞥到一些深棕色、子弹状的物体，约莫鹌鹑蛋大小，盛在一个编织的竹篮里向买家展示。挡不住好奇心，再说身处蔬菜水果市场，没想到有任何奇怪事物，我就敢于仔细端详。接下来我看出这东西的时机糟透了。我的胃部尚觉不适，因为昨晚多喝了两杯啤酒，加上没怎么睡，加上没吃早饭……这样，细看之下，我突如其来地、完全意外地见到，这些东西有的在部分扭动。我的胃也蠕动起来了，力图把不存在的内容物推向喉咙。我以为自己会在市场过道上就地呕吐。这东西既不是蔬菜也不是水果，是蚕蛹，还活着。我尽可能迅速地走开，以避免在公共场合呕吐的尴尬经历。到了市场外面，我深深地吸了几口新鲜空气，才算尽量让胃再度平静下来。

这天下午我俩都补了一觉，因为昨夜聚会所致的疲乏未消。晚上，我们非常饿，认定不尝试任何新东西，而只是去可心的餐厅吃饭是个好主意。那正是我们初到沈阳当晚发现的餐厅。我们了解那里的食物，我们了解那里的人，是个稳妥的选择。

时值二月，我们这个地处东北的省会城市仍然天寒地冻。我们就穿得暖暖和和，离开公寓，前往要去的饭馆，那个我们亲切地惯于称为“邻居”的所在。

到了地方，老板为我们开门，显然非常高兴见到我俩。他给我们选了张桌子，在他眼中，这必定是他店里的最佳位置。要知道，他在市内还有一家餐馆，所以并非总是出现于此处，当晚在这儿看到我们是运气好。由于我们是他饭馆的常客，我们称这里为中意的吃饭地点，他认定理当向我俩表现自己有多么高兴。这样，他就推荐了一道真正的特色菜以示谢意：炸蚕蛹。

我几乎没怎么竭力抑制这种恶心感。当天早上已经感受过，这工夫虽又在体内升起，至少它们不再折腾了。所以过了一会儿，我尽力干脆不再看那盘菜，只专注于桌上其他的美食，从而抚慰自己的胃。这样做很有效果。不过末了我意识到，不去碰所推荐的特色菜而起身离去，会显得多么缺乏素质。所以我跟丈夫讨论，咱们能做些什么。

那天晚上丈夫似乎处于超级好奇和乐于冒险的状态，对我说他想尝试一下。我大吃一惊，可也非常高兴，因为实在不想让我们可爱的“邻居”失望。这样丈夫就操起筷子，小心翼翼地伸向蚕蛹盘子。这费了些工夫，看起来不容易认定夹哪一个。筷子在盘子上方转了一气，终于像俯冲的猛禽一样直落下去，

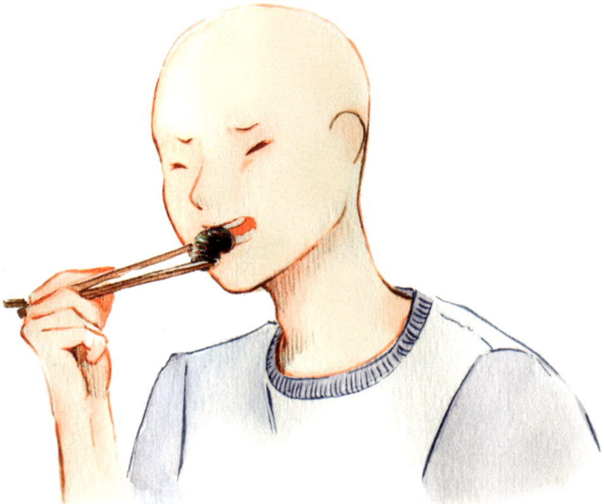

以便拿获选定的蚕蛹。酥脆的炸虫子当即消失在丈夫的嘴里。他犹犹豫豫地慢慢咀嚼起来，发出些清脆的咬嚼声。他皱起眉毛，紧盯我的眼睛，全神贯注于腭骨正在做的动作。我难以置信又想要探究地盯回去，同时感到紧张和好奇。他吞咽完毕，似乎比我们日常所食难以下咽；我看着他，满眼全是大大的问号。他不带任何情绪，十分冷静，只是说："嗯，尝起来有点像搁久了、变质了的开心果。"

我为自己做了决定，好吧，这听起来根本不像必须一尝的东西。直到如今我都始终不曾尝试。也许有那么一天，在离开中国之前，我会尝尝，以便克服出自这个寒冷的二月天的挫折，也使我的饮食记录臻于完美。

Dongbei winter delicacies

8 东北冬季美食

我们是冬季来到沈阳的。虽然我更喜欢夏天而非冬天，不过东北的冬天有些特别之处。首先，它的冷跟德国的完全不同。在一般的冬日，沈阳通常为零下 20 摄氏度左右。空气干燥，降水不多。这里的确下雪，有时甚至真的很大，以至街道阻塞，学校保持关闭，而你最好只是待在家里。不过这种情况每年冬天最多发生两三次。一旦发生，工人们就蜂拥到街上，清除积雪，恢复交通。且不说降雪一旦停止，天空通常就变得蔚蓝，太阳也重新冒出来，加热黑色沥青路面和融化残雪，以帮助工人清理街道。这就是我最喜欢此地冬天之处：清晨太阳早早升起，大部分时间天空都是蓝色的，仅此一项就让我的心情大为振奋。

回头看德国，构成冬天的大多为灰色的天空和多雨、泥泞的天气，而不是冰雪。

在沈阳，由于持久的低温，池塘、湖泊甚至宽阔的浑河，在数月中都被厚实坚硬的冰层覆盖，使人们得以享受种种冬季运动项目，比如滑冰、冰球和冬泳。东北人创造了另一些冰上活动，就算不太喜欢运动的人也可以享受。例如，你可以租一把固定在铁片上的椅子，坐上去滑过冻结实的冰面，用带铁尖的铁棍或木棍操纵和加速这种有趣的车子。你还可以找些类似的冰车，三把椅子连成一溜，椅子前面安着小凳，可以坐个孩子；有时甚至更大一些，铁片上是长凳，供好几个人一同乘坐。太好玩了。此外，你可以见到人们用鞭子抽动铁制的陀螺。他们使之旋转得那么快，以至陀螺对冰发生振动，产成一种低沉的嗡嗡声。

我丈夫最钟爱的冬季活动之一是在浑河里冬泳。我们的一个朋友常在浑河沿儿遛狗，看中国人冬泳。一天，有位看似这支冬泳队队长的人走向我们的朋友，邀请他一周后加入他们。朋友告诉我们这件事，并问我们愿不愿加入，所以我俩和他及家人一起去了那里，而这成为我丈夫和冰河、冬泳者和我丈夫、我们和沈阳冬天之间的一种深情厚谊的开端。

孩子们也有很多事情可做。在沈阳许多地方建立了大规模的冬季游乐场，设置了雪滑道、溜冰场，安排了其他许多冰雪娱乐活动，像儿童脚蹬滑雪板、拉成串雪橇车的雪地吉普车，还有雪地摩托骑行。连续数月的低温有利于活动。一旦下雪，积雪可以保持很长时间。而随着气温和自然变化，人们的衣着和活动也相应变化，沈阳街头的食物同样如此。

当白天变短，天气转冷的时候，你能开始听到一个声音，整个冬季都常常听得到。它出自一只扩音器，绑在旧三轮车上的。骑车的人身着深色棉衣以御风寒。扩音器一再传出单调的声音，不断地重复这样一句话："redekaodigua"，意思是热的、烘烤的红薯。在东北的冬季，这就是城市各处可见的人提供给你的食物。他们把煤炉安装到三轮车上，在这些圆柱形铁炉中烘烤红薯。你觉得冻手，需要什么东西从里到外地使你暖和起来的时候，一块"kaodigua"（烤地瓜）是最佳的选择。拿起它时，它焐热你的手指；一口一口咽下它时，它让你全身充满舒适的暖意。甜甜的滋味和奶油般的质地给你的味蕾带来欣悦，几乎不经咀嚼就在你的嘴里愉快地融化。

冰雪节期间，我们在"Qipanshan"（棋盘山）第一次吃了烤地瓜。我会说，这个冰雪节可以视为哈尔滨大型冰雪节的弟弟。在沈阳当地最大的休闲区棋盘湖附近，人们制作了巨大的雪雕和大型冰雕建筑及雕像。到了晚上，它们都被灯光照亮，美不胜收。你可以悠然漫步，穿行其间，感觉有几分像电影《冰

雪奇缘》中的艾莎公主。在这个地方的一间冰屋里，我们头一回吃了烤地瓜。就是一心想吃，因为它能给我们带回一些暖意，从而使我们得以发现这个冰雪节更多的美好，而非由于已经冻得半僵而打道回府。

在东北的冬季，你不可错过的另一种美食是焦糖包裹的水果串，即糖葫芦。你能够发现各种各样的水果，从草莓到葡萄到蓝莓；不过，最传统的糖葫芦，不用说，要数山楂串。它们上面有时甚至撒了糖末或芝麻，总之都属于你肯定不愿错过的特色食品。外边是甜甜的、酥脆的表层，里边是可口水果的果味、酸劲，这种混搭的精妙无与伦比。要说糖葫芦的最可爱之处吗？那就是在冬季数月里，你可以在全城的任何地方甚至每个角落找到它们。

Night markets

9 夜市

随着气温升高，越来越多的人再度现身街头。在冬季的几个月里，大多数人待在室内，顶多在冰雪节活动场所，在结冰的河流和湖泊等处聚集，而现在街道上又开始熙熙攘攘的了。年年我都纳闷这些人头几个月藏在哪里，不过很高兴见到他们的归来。空气中弥漫着春天的花香，小昆虫欢快地到处嗡嗡作响，此时此刻，你感受得到四处走动的人们所散发的欣喜愉悦的精神。孩子们亮出踏板车、自行车和轮滑鞋；公园里布满野餐毯和帐篷；越来越多的风筝高高地升入空中，形状各异，色彩缤纷。漫步在公园里，你又听得到音乐了，那出自操练五花八门的乐器或聚集到一起歌唱的人们，由便携音箱和扩音器给予支持。广场上、公园里，太极拳、气功或舞蹈练习群体的动作显得更加轻快自如。

这是夜市也完全重新苏醒的时候。在指定的街道上，小贩摆开摊位。汽车白天穿行于这些街道，晚上则会被往来行人堵住，寸步难行。你可以在这里找到各式各样的街头食品，诸如烤串、卷饼和饮料。还有娱乐活动：人们向孩子们出售氦气球，以及 LED 点亮的闪烁的头饰。你可以在套圈时大展投掷竹圈的本事，尽量使它们落到种种物品上。如果竹圈被扔在物品上而没有脱离,你就赢了。听起来比实际上容易得多,但它非常有趣，不仅对于孩子。你可以发现许多类似的活动，比如朝小气球扔飞镖以使它们爆炸，或者用仿制枪射击钉在墙上的目标。一些较大的夜市甚至设有舞台，展现各种表演。

处于这些街道旁的餐馆或小饭馆，在户外设有若干种喝啤酒的散座,供人们坐下来享用啤酒和烧烤。我俩喜爱那里的氛围，但我得承认，自己一度需要适应四处的不洁。食客的通行做法为，把自己丢弃的东西通通扔到地上。开启啤酒瓶，把瓶盖扔到地上；撕开吸管包装，把塑料包装扔到地上；扯开筷子包装，把包装材料扔到地上；剥开煮毛豆，把豆荚扔到地上。更加难以适应的是，这里的人通常不用手剥海鲜，例如虾，而是在嘴里去皮。这意味着要丢弃海鲜的壳，就把它们径直吐出来，吐到地上。烤肉里的许多小骨头同样对待。这样，决定在这些场所中的一处吃晚饭时，你就得蹚出自己的路来，踩着所有吐出和扔掉的东西。不过这会绝对值得，你的任何经历都比不上这里的环境。你会喜爱它的，我俩也是。烤肉串和烤海鲜美食的气味，人们闲聊和欢笑的声音，啤酒的倒出，酒杯的接近，营造出这种无可比拟的愉快氛围。

有的时候，有个把小贩端着塑料盆穿行于小桌之间，走过怡然坐在小塑料凳上的人们身旁，并在每张桌边停一停，以便你购买他兜售的产品。大多数时候，他们卖的是煮毛豆。不过我们已经偶然见到，这些小贩中有的人兜售炸昆虫。我们要不要尝一尝？不。我俩没有足够的勇气面对这个。也许哪天吧，谁知道呢。

走在这些夜市中，你会一次又一次地闻到一种崭新的、奇异的、首先令人不安的气味。这种怪味第一次渗入嗅觉神经时，我们只是努力尽快摆脱它，避免吸入太多这种难闻的气息。不过当然了，意识到这种气味一次又一次地出现后，它引起了我们的好奇。这样，我们进而承担了一项任务，发现这种奇异的、未知的气味的来源。

如你设想，完成这项任务并不太难，我们只是跟着鼻子走。它们直接把我俩带到一个摊位，聚集着排队等候服务的顾客。它必定是一种美馔佳肴，所给予的大大超过气味所显示的。我们被气味吓到了，但由于等待购买的人数量众多，激发的好奇无法平息，我俩下定了决心加入队伍，以便来上一碗臭豆腐尝尝。排队等候时，鼻子里这种渗透性的、臭烘烘的气味真的是最难受的部分。气味影响了时间感。一旦浸泡到这种恐怖、奇臭、邪性的气息中，但觉这种等待无止无休。直到终于轮到我们了，我俩点了“一个”。

摊位窗边有几大摞纸制容器，摊主从中拿下一个。他随后操起筷子，熟练地从一只吱吱作响的煎锅里夹出几个黑色的方块，想必就是豆腐，放进纸碗里。接着把筷子伸进另一只煎锅，又取出几个豆腐块，这次是米色的。在它们上面，他加了几种不同的、看起来很奇特的香料，倒满一些浓稠的也是米色的调味汁，再撒了些碎香菜叶和炸芝麻。他动作浮夸地搁进碗里两根木签，然后郑重其事地递给我们。我们端着自己这份臭味扑鼻的宝藏走出人群几步，到了两个摊位之间的一处安静些的地方，以便能够充分集中精力，运用健全的心智和有序的记忆直面这揭开真相的一刻。

我大胆地率先来了一口。这些豆腐块的嚼劲完美，外焦里嫩。咬上一口很是惬意。味道？好吧，我会说它吃起来气味没有闻起来那么大，香料和调味汁为这种初试难闻而陌生的豆制品构建了完美、和谐的背景。开始时，我以为豆腐块的黑色看起来那么倒胃口，但跟颜色浅些的豆腐块组合起来，再加上香料、香草和调味汁，它就化为一件富于色彩、勾人食欲的大厨凡·高的画作。我对这道特色菜的简评？一言难尽。部分说来，由于这种极其强烈和难闻的气味，它令人生厌，气味也是这道菜的名称来由。但老实说，它使我上了那么一种奇异的瘾，使我就是想一遍又一遍地品尝。

遗憾的是，我们不再很频繁地去夜市了，因为这些市场存在我的孩子难以接受的一面。我们在动物保护方面非常活跃，在当地一家收容所做志愿者，领养从本城街道上救出的猫和狗。在夜市上，你经常发现有人卖活体动物，关在狭小笼子里的宠物，过于幼小就母子分离的小狗等，我的孩子接受不了这个。他们看到这种情况通常哭泣和生气，所以我俩决定，暂时停止带他们去夜市。我们知道，中国正在极力改善所有人的生活，也包括动物。但这些事情不会在一夜之间发生，而是需要时间。所以，时不时地，为了一个美好的夏日夜晚，我们尽量请人临时照看孩子，以便我和丈夫得以在这座城市丰富多彩、热闹非凡的夜市中，找一处享用些啤酒、烤串，还有臭豆腐。

10 饺子

吉欧扎、满都、毛尔塔申、瓦雷尼基、曼蒂、皮耶罗吉、佩洛梅尼、卢赫米、萨摩萨、埃姆巴纳达斯、拉维奥利、桑布塞克、卡拉内*……我想，这份单子会没完没了。在这个我们称之为家的美好世界上，每个国家，可能以至每个地区，都有不同种类而专属本地的传统饺子做法。中国北方这种饺子，我们彻底爱上的，叫作“jiaozi”。它们的起源似乎不很清楚，在文献中找得到若干说法，不过可以肯定，这是一种令人惊叹的美味，

---

* 均为饺子的外语名称译音，分别属于日语、韩语、德语、乌克兰语、土耳其语、波兰语、俄语、乌尔都语、印地语、加利西亚语、意大利语、黎巴嫩语和库尔德语。

——译者注

整个广阔世界上的每个人，一辈子应当至少尝上一回。问题在于，你一旦尝到，你就会想要更多。这些特别的饺子发明于至少几千年前，至今仍闻名于全中国。

我们头一次尝到了饺子，是在沈阳一个很有名的饮宴场所，这里成了我们吃饺子最中意的地方。初次看到菜单上的饺子照片时，我们不太明白它是什么。照片展示了些奇怪的物体，翠绿、白色或橙色，有穿了孔的硬皮，但看起来很好吃，我们就尝了尝。现在知道，我们点的菜是煎饺子。绝对好吃，连我家孩子都很小就吃上了，而他们至今依然喜爱饺子。

每年一度吃饺子最盛的时期是农历新年。我家小孩在幼儿园练习自己的做饭技巧，春节期间多次制作自己的饺子。他们下午自豪地回到家，从头到尾地给我讲，怎么和馅，怎么把剂子擀成完美的、圆圆的皮儿，怎么正确地把馅搁到皮儿里，还有——最重要的——关于包饺子技术的不同方式和可能。最通常的方式是摊开手掌，圆形的面皮儿搁在一只手上；放进当中一点儿馅，然后把两边折叠起来，从而取得一个半月形的饺子；你再用另一只手的拇指和食指捏出一个挨一个的小褶子来封闭边缘。馅料也可以是不同种类的肉末跟蔬菜混合；出名的变种是牛肉芹菜或猪肉卷心菜。素馅也很常见。在常用于包饺子的蔬菜中，你能发现大葱、菠菜、蘑菇、胡萝卜、韭菜、卷心菜，等等。同样非常出名的饺子是鸡蛋韭葱馅的。

10 饺子

孩子讲完早上包饺子的全部馋人的细节后，我问他们：能不能带饺子回家呀？回答非常令人失望：能倒是能，可是饺子太好吃，他们在回家的公交车上就吃光啦。幸运的是，幼儿园有自己的厨房，每年他们都会包许多饺子，冻透了。你可以订购，从而在家里做来吃。

去年，有中国朋友请我们到家里过农历新年，大家一起包了自制的饺子。在厨房里共度这个寒冬下午太有意思了，大人孩子都一样。成果不是非常漂亮，然而绝对美味可口。我们以种种方式加工饺子：炸、蒸、煮。我们做得太多了，以致吃得太撑，觉得这辈子都可能再也吃不下任何东西了。

餐馆里，你不时也可以发现炸饺子或煮的带汤饺子。大体上你到处都能发现饺子：在东北菜馆，在火锅店作为放入火锅里煮的一种食材，在烧烤店放在架子上烤，而且在其他任何餐馆也多半如此。通常，饺子要是不带汤，就会搭配鲜美的调味汁来蘸着吃。这种调味汁是醋、酱油的一种混合物，一般还有些蒜末姜末。根据你的口味可以加些辣椒油。饺子是种完美的吃食，不仅在农历新年，而且整年都可以全家一起享用。

The countryside

11 乡村

周末终于到了。我们已经安排好和丈夫的几个同事结伴去农村散心。这是一个初夏的星期六。天气恰到好处，户外暖洋洋的，不过还没像沈阳仲夏有的时候那么热。我们在德国会管这叫“Kaiserwetter”，一种为皇帝量身定做的天气，意味着蓝天、无云、阳光灿烂。于是，我们跟没在本社区住的其他人会合了。一共七个人：我丈夫的四位同事、我丈夫、我们的女儿（当时大约半岁）和我。大家兴高采烈，都期待着参观——本溪水洞。

这样，两辆簇新、洁净的宝马 3 系驶出沈阳，亮闪闪的银色车顶栏杆反射着美好的阳光。住在城市里，时不时去农村，呼吸些新鲜空气，置身于怡人的青山绿水中，真是太好了。我们用了大约一个半小时到达目的地。所行路线带我们穿过一些小村庄，沿着一条小河直至水洞。

跟所有重要旅游景点一样，本溪水洞准备好接待大量的客人。停车场巨大，车已经很多。好在不至于挤，我们从容找到车位。我只是想知道，事后还能不能再找到我们的车。

于是我们动身去主要景点，水洞。紧挨停车场有个游客中心，提供一份概览以及关于此地更详细的信息。在这个游客中心的出口处，有几个柜台出售洞穴的门票。有两位中国同事陪同，买票很容易，我们能够快速离开，登上会把我们送到洞穴入口的专线车。在中国，这类景点有专线车运载游客参观，是很常见的。步行非常罕见，因为那会不必要地耗费太多时间。本溪水洞的专线车是电动的，是种较大的高尔夫球车，敞开的，但有顶，以免客人日晒雨淋。到达入口，我们排队进入洞穴。人们分成小组，走一小段路，途经一些人造钟乳石和穿墙而出的小瀑布后，我们得到些一次性雨披。这里似为一条地下河的流出处，我们被安排登上一条小型的地下洞穴船。

小船载我们穿过这条地下河上的整个洞穴。洞里相当冷，我俩就给女儿穿上暖和些的衣服，再蒙上雨披，遮挡洞顶不断落下的水滴。两岸可见各式各样的石笋和钟乳石，有些甚至根据形状取了名。照明的光线呈现出你能想象得到的彩虹的所有颜色，在七彩的光照中，这个洞穴显得人工胜过天然了。洞穴的管理者甚至为之添加了仿制的老虎和假的恐龙骨架，而这种作为无助于使洞穴看起来更自然。不过它仍然令人着迷，当然所有这些色彩也非常漂亮。到达出口，承受洞中低温而浑身发冷之后，大家因外边暖和的气温而高兴。我们再次登上高尔夫球车，乘车回到游客中心。大家都认同此地一游实在值得，都玩得非常开心。

为了圆满结束这次非凡的乡村之旅，我们决定一起吃顿饭，就在景点附近，好尝一尝这一带的地方特色。在前来的路上，沿着太子河行驶时，我们见到许多路标，指示附近的餐馆。所以在归途中，我们请中国同伴查看这些标志，选一处听起来让人期待的。跟随另一辆载有当地同事的车，我们离开停车场。行驶大约 15 分钟后，前头的宝马突然左转，开上一条简陋的小路，实在算不上比农场便道强哪儿去，然后直奔河流。我们疑疑惑惑地跟着他们，接着两台车都靠近河流停下，身后盘旋着一大团沙尘。

我们想弄明白被带到什么去处了，仔细地观察四周。我们发现自己处于河边，一片碎石平原上，有的地方长满青草，其中零星地有野花盛开，使整个区域显得宛如部分覆盖着漂亮的拼接地毯。离我们停车处不远立着两个铁架子，看起来像花园

凉亭的框架，有部分包裹铁架的编结覆盖物垂下，类似被猎杀动物骨骼上挂着的残余物，在阳光下慢慢腐烂。距离它们约莫50米，我们认出一所旧石头房子，看着像往日屋舍的残留。房顶上有个黑色的小烟囱，向蓝天吐出一股纤细的灰色轻烟。这房子有扇小门，它突然打开，出现一位身着围裙的中国女士。她面带微笑，高兴地欢迎我们，原来这是她的户外餐厅。她朝我们走来，中国同事说明，我们正在找个地方吃本地特色菜。

这位女士喜出望外地接待我们，答应做上一顿美味的大餐。她把我们带到破亭子中的一间，请我们就座。亭子内部与外观匹配完美。中间有张旧桌子，饱经日晒雨淋、风吹霜打。在这张桌子周围，凌乱无序，有几把种类不同的椅子：塑料凳子，沉重的木椅和带织物坐垫的金属椅子。有的部分破损，有的状况尚好，但都被风不时吹来的沙尘弄得很脏。我们三两下扫除椅子上的灰尘，椅子看起来足够稳定，不妨一坐，也就坐定。女士离开，随即返回，带来了热水以及密封的餐具和筷子。我们麻烦她把菜单拿来，却发现没有。女士就问我们，是不是爱吃鸡、鱼和蔬菜。我们说爱吃，她就再度离开，以口音非常重的东北方言喊出一个名字和几句指点。一个男人从小茅屋里现身，我们认为那必是她丈夫了。

男人身穿又旧又不够干净的裤子，本来是白色的背心，光着脚。他提着一只装了开水的暖壶，另外的手抓起一只空桶和一个小板凳，这两样原本紧靠门边搁着，再把东西都撂到离房子稍远的地方。接着，我们见他兜兜转转，手持一把大菜刀。我们密切地观察，对他在那儿要干什么大感兴趣，不料他抓住了一只正在脚边快活啄食的鸡，切下它的头，把它倒着拎在桶里。我们大为震惊。鸡也吓坏了，摆脱不了牢固的控制而还在紧张地抽搐。抽动消失之后，男人用开水浇到鸡身上，把它拎到河边去。在那里，他靠近水边蹲下，拔起鸡毛来。拔完了，他掏出内脏，把看来不要的东西通通扔到河里。然后他把收拾得干干净净的鸡拿回厨房，交到妻子手上。我们最初的震惊渐渐让位于兴奋和赞赏。“这会是我们这辈子最新鲜的一顿”，大伙想到。

接下来，男人提起另一只空桶，下到河边，还是没穿鞋。我们谁都没法安坐不动；我们好奇得很，想不出他这回打算干什么。我们发现，在河边，这些人看来用碎石和石块截留了河流的一部分，以造成一种小湖或池塘，它总是从河流得到活水。他们在这个小湖里养鱼。在水里，从一边到另一边，有张渔网截住了整个池塘。有点不公平，大家想，这样的话，鱼根本没机会逃离。不过我们错了。网上到处都是大窟窿，所以男人费了些时间才终于抓住一条鱼。他又快又准地用一块大石头砸中鱼头，鱼立即不再动弹了。男人把鱼拿上岸，去鳞，同样送到厨房去。

烟囱冒出的灰色细烟变粗了。我们看到，厨房的灶火不时亮起来。灶边，戴围裙的女士熟练地使用大炒勺，它在火上一再起落移动，喷香的气味从厨房散发出来，逐渐弥漫平原四处，刺激着我们的嗅觉，引起我们所有人的愉快期待。

之后她到底来了。鸡肉是炖的，配上土豆、胡萝卜和超级美味的调味汁。这道菜满到冒尖，超出碗沿儿堆上了天，好像在说：我来了。鱼是清炖的，上面搁了胡萝卜、青椒、葱和姜等菜丝。看起来非常像你通常在农历新年家宴上吃的那种。另一个盘子盛着一种细长的绿色蔬菜，切成片，加上蒜、姜和其他一些神奇作料炒出来，这道菜尝起来超级好吃。我们向餐馆老板请教它是什么菜，意外得知这是一种野生芦笋，生长在这一带的河边。我们还吃了些木须柿子和拍黄瓜。

总之，食物非常美味可口，我们再次没有对中餐失望。它不是我在中国尝试过的最好的食物，但肯定是所吃到的最带劲的一顿、最新鲜的食物。我们非常高兴到过这里，获得这次非凡的体验，我确信这个河边小饭馆的主人也同样高兴于当天有过我们作为顾客。这样，本溪水洞一行以与同事和朋友共享原汁原味的饭菜结束，从而完成了本次东北乡村体验。

12 炸肉排

一天，丈夫下班回家后给我讲了他那天的午餐经历。平时，他和同事一起在公司食堂吃午饭。但那天，几个同事带他去了另一个地方。同事告诉他要去“炸肉排”。这个用餐场所的德文名称表明，它应当是家德国餐厅，提供德国传统食物，如炸肉排。我丈夫不太热心去，因为他酷爱中国菜，还从来没找过德国菜吃。不过他认定，这极为可能不会比在食堂吃差劲。当然了，他也纳闷，在中国，处于大城市工业区边缘一家汽车厂附近，一家德文名称的餐厅会有什么拿得出手。他极其惊讶地发现，经营此处的竟是位中国厨师。他对这个地方如此热衷，决意几天后带我们去吃晚饭。

这样，一天傍晚，我带上小女儿，开车去工厂接丈夫。他上了车，告诉我走哪条路。在这3分钟的车程里，我不记得问过几次，他是否肯定路没走错，可他肯定。我们穿过无人养护的空旷的交叉路口，穿过看起来就像巨大猛犸象脚印的坑坑洼洼，经过明显破旧的住房。我没想到，在沈阳这样的城市，中心区附近有这样的地方。行驶于未铺设路面的道路上，我们看到很多流浪猫狗在道旁的垃圾中寻找食物。

我还在寻思几时才会穿过这个破旧而不够整洁的区域时，丈夫突然指向窗外，让我把车停到泥地里一台建筑工地拖车旁边。我真的以为他肯定是在开玩笑。可是这拖车外面有个标志写着“炸肉排”，用德文。我难以相信自己的眼睛，开始理解丈夫为什么讲不清楚它，只想带我们来这里亲身体验一下。我们就下了车，加着小心越过拖车旁的泥地，找路朝入口走去。在入口前，为了平整凹凸起伏的地面，业主搁了几块木板，铺着脏兮兮、泥乎乎的红色地毯。

我们刚开门入内，餐馆的厨师本人就走上前来，以便作为主人亲自迎接我们到来，一面念叨着“Servus”。我简直没法相信自己的耳朵。他真的说了“Servus”吗？这是典型的巴伐利亚打招呼用语呀。你可以用它来说“你好”，也可以用它来说“再见”，就跟意大利语的“Ciao”一样。

它的内部看起来就像我们通常去的所有其他小餐馆一样。一张张玻璃台面的木桌，一旦在其中一张旁就座，我们很快就忘了自己是在拖车里。拖车后部好像还有另一辆拖车紧接着，装着厨房。两辆拖车以一面大大的窗户相连，半开着，你从而看得到那边的动态。我们见到两个人在厨房里操劳，一个主要忙于运用大菜刀，在大砧板上熟练地切割各种食材；另一个则在煤气炉上操作大炒勺。煤气点燃时，厨房的大排气扇自行启动，使整个拖车充满了一种响亮、单调、嗡嗡的声音。

厨师把菜单送上桌子。我再次难以相信自己的眼睛：菜单没印上习见的照片，却以中文、德文和英文写就，难以置信。而菜单上有些有趣的菜式，以德国菜为名，比如 Schnitzel（炸肉排）和 Bratkartoffeln（炸土豆）。除了这些，他也提供各种常见的东北美食。当然这使我们感到好奇，只有先尝尝“德国”菜肴。我们吃到的真的很好。这里的炸肉排尝起来真的像德国炸肉排，不过切成便于食用的肉片，以供你用筷子夹起它们。它配有一种红色调味汁（有时是调味番茄汁，有时是番茄酱），还有一小碗特殊调料，原来是盐、胡椒粉和味精的一种混合物。“炸土豆”与德国同名菜大为不同，但超级美味可口。土豆切成薄片，炸到又酥又脆。它们很辣，可能是炸的时候油里加了辣椒。还拌有红色的辛辣粉末，上头撒着切碎的葱。真是味觉、视觉兼备的乐趣！

WILLkommen beim Schnitzelwirt
陈大勺中外餐厅

大家感到惊奇：中国人怎么会开这样的馆子？我们跟老板聊了聊。而他的理由极其明显和合乎逻辑。起初，他在当地开了一家小饭馆。顾客中也有在附近汽车厂工作的人，他们到他家吃午饭。这些顾客几乎都是中国人。但有一次，一群经常光顾的中国人带来了一些德国同事。

德国人非常喜欢他的食物；而他作为地道的商人，就向他们打听德国人特别爱吃的东西，以便得以提供一些菜肴，吸引更多的德国顾客。一切就这样开始了。从那时起，他开始供应带德国名称的菜肴，请顾客帮着翻译菜单，取一个会吸引德国顾客的店名，还学了些德语及巴伐利亚语打招呼的说法。关于这个新地方的消息在汽车厂员工中迅速传播开来，“炸肉排”很快成为工厂食堂日常午餐真正的另一选择。老板开始跟顾客合影,做成照片集锦挂到墙上,向所有的人展示他的全部国际顾客。

但作为真正的商人，他不会满足于只是拥有更多的顾客、赚更多的钱。他开始再度投资。由于汽车厂即将扩建，拖车餐厅所在区域很快要变成建筑工地。他跟当地政府交涉，拿到一小笔经济补偿，并投资于一个新的地点，离原来的地方不太远。新场所不再是建筑工地拖车，而是一种砖房——向前跨出了一大步。安装了空调和暖气，新场所使顾客更加舒适。它所在区域的道路铺有路面，所以在“炸肉排”用过午餐之后也不会再踩上两脚泥。他还购置了一块新的更时兴亮丽的招牌，挂在餐厅外边广而告之。我们真的喜欢这个地方，我们喜欢“炸肉排”，先生的做派，我们喜欢这里的食物。我们几乎把所有到中国来看我们的人都带到此处吃饭，这就是原因。

2019 年夏天，我们回到沈阳。时隔五年多，我们自然到处打听，“炸肉排”是不是还在。一如所希望和预期，他做到了。不过，并不多么出乎意料，他又有了个新位置。所以我们请一位知道地方的朋友带着去，以发现新的旧日“炸肉排”。

怎么说呢，看来他的确延续着先前的做法，在过去的五年里变得越来越好。新店是一家完美的餐厅，处于一幢大公寓的一楼，就在大型汽车厂正门的街对面。这个新店毗邻洗车店、便利店、珍珠奶茶店和其他餐馆，不仅吸引了工厂员工，还有这个地区的居民。他可以很容易地结交新顾客，因为餐厅足以让人看到——让散步的人看到，让开车路过的人看到。

现在餐厅里还提供单间，用于公司请客、家庭庆祝，或者如果你只是想在更安静的氛围中享用晚餐。他提供较小的方桌以及大圆桌。菜单完全没变，但在面对厨房区域的窗户上方，增设了一幅带照明的照片菜单。在墙上，我们发现了一些相框，那是他多年来经营“炸肉排”期间跟顾客合拍的所有旧照片。其中还有一张我们和我父母的照片，早在 2013 年一起在拖车里吃饭。而且一如既往，当老外（外国人）进入餐厅时，老板本人就前往门口握手，并以热情的“Servus”欢迎你。

一位精明而友善的中国商人非凡的成功故事。

Sea cucumber

13 海参

前边说过，生活在中国，你遇得到许多奇怪的食物。有的由于传统而被吃，有的由于人们相信对健康有特效，有的仅仅由于稀有而珍贵，人们想表明自己吃得起，所以它们成为某种身份象征。在全中国你都找得到这样的商店，可以买到特殊的膳食补充品，由草药，也由动物成分制成。它们的特别种类之一是干海参。这是一种真正的美食，据说也是一种营养珍品。它应当有助于对抗若干疾病，如关节炎、关节疼痛和支气管炎。由于食用海参的效用与吃人参的效用非常相似，有些中国人也管它叫海洋人参。

你通常买到的是干的海参，得在家里泡上几天才能食用。浸泡之后，它们恢复原状，长约 5 至 10 厘米，颜色从深棕到黑色不等，表面黏滑，布满了刺。新鲜海参也有，但你得自己清除内脏。海参极其昂贵，价格取决于种类，还有原产地。所以实在说，高昂的价格加上依照我们的文化背景，海参进不了最好吃食品前百名，这一事实使我们连尝都不想尝海参。我们感到没必要，也不觉得好奇或兴奋。

但后来我又怀孕了，我俩决定，要在中国生第二个孩子。我们有一份完美的保险，允许启用这里最好的医疗保健系统，也为自己的决定而感到非常满意。我甚至不得不承认，在德国生过另两个孩子之后，我会宁愿也是在中国生的他们。事事尽善尽美，所提供的医院房间更像是酒店的公寓或套房，而非病房。这样我们得以整个小家庭一起搬进来，有自用的一个客厅、一个厨房、两个浴室和一间卧室。我们甚至有一位私人“ayi”（阿姨）的协助，只要有需要，她就会照顾我和新生儿。家人只能自己操心吃喝，但我获得医院供应的食物。它是遵循均衡饮食原则的食品，以便帮助身体从怀孕和分娩中恢复。了解中国人有悠久的医学历史和古老的医学传统后，我决定充分信任这份饮食，吃下或至少尝试所给予的一切，从而尽快恢复全部力量。

饭菜种类繁多，从稀粥到浓浓的牛肉汤或鸡汤，再到煮的根茎蔬菜。有一天——我确信你已经在等这个了——我揭开午餐托盘里的碗盖，猜猜在某种肉汤或高汤中漂浮的是什么：黏滑的、闪亮的海参。好吧，较真的时刻到了，我想。我就尝了尝海参，第一次也是至今最后一次。老实说，我本以为这次经历会更惊人得多的。它不是极其难吃也不是特别美味。质感没有设想得那么黏滑，更像橡皮而且有嚼劲。我真的不会急于想吃第二次了。不过我非常感谢这个机会，很高兴自己尝了它。它是不是帮助我更快恢复？说实话，很难讲。可以肯定的是，它没有以任何方式伤害我，而且为我的食物体验增添了又一次肴馔历练。

German food in China

14 在中国的德国食品

2019 年重到中国，我们的家庭已经变大了。2013 年 12 月，我俩带着两个女儿离开了沈阳。当时大的两岁，小的四个月。那时候我非常高兴终于回到了德国，没法想象再来中国，至少不是为了生计。我在沈阳虽然过得非常好，但也有过得困难的时候。事事对于我都是那么新：当妈妈是新的，在国外生活是新的，远离朋友和家人是新的。然而，在德国待了些时间后，特别在失去我挚爱的爸爸的心碎经历之后，他患肝癌两年后于 2017 年不幸去世，我觉得迫切需要再次远行。

所以丈夫开始查询，他所在公司有没有任何海外工作机会。

首先，他申请了在美国的职位，但没有成功。然后有一天，他回到家，问我:“再去一次中国怎么样？”而我的回答大致是“没门儿”。他又说:“这次是上海，不是沈阳。”哇，好吧，这听起来很有前景。是的，我认为可以设想去上海。2019 年春天，我们就带着四个孩子去上海，进行了一趟惊艳的“查看之行”。一切都很完美。孩子们可以进一所很棒的学校，一家上好的幼儿园，而最好的部分是房子和周围的社区。我俩在“看房子”期间，为自己的大家庭找到一座完美的房子，位于一个带室内外游泳池的网球俱乐部旁边；看上的最后一处带有沙滩，令人惊叹。我们非常期待在中国全盘重新开始。

可是后来，在合同开始之前三天，公司通知计划有变。我崩溃了。我完全准备好要走了，现在我们应当留下来？不可能啊。这时丈夫想出了个主意，跟沈阳的一些旧同事查核，看那里是否有合适的空缺外籍职位。我认定宁愿再去沈阳，也胜过留在德国。他就开始给一些人打电话。第二天一切办妥，我们的目的地从上海变到了沈阳。这次是三年。而你知道吗？就食物选择来说，我俩对这一变化喜出望外。那年春天在上海的一星期里，我们意识到，自己对中餐的渴求在上海并没有得到完全满足。所以，当目的地转到沈阳，我俩非常期待过去五年在德国错过的所有美食。

因此，回到沈阳，我们做的第一件事就是查明首次居留时知道的所有让人惊叹的餐饮场所。遗憾的是，我俩发现，它们很多已经不复存在。中国的生活节奏比德国国内快得多，变化来得也迅速许多。最伤心的消息是，就连我们的“邻居”都不在原地了。所以我俩只好重新找个心爱的晚餐地点。在最初的几星期里，我们尝试了很多很多餐馆，吃不够所有的美味佳肴。我们非常高兴再度被令人叫绝的中餐包围。不过四个孩子，此时分别为七岁、六岁、三岁，乃至不到一岁，过去五年中在德国长大，很快就念起西餐的好来。他们喜欢中餐而且爱吃，只是虽然我们不妨天天吃，他们还是不时更想要些德国或其他西方食物。

这样下来，我们发现现在有很多新的西餐店。2012年那会儿，西餐拿得出手的地方，你一只手就数得过来。现在有这么多了。意大利菜、美国菜、德国菜，你中意的都有，并且有许多不同的选择、不同的地方，有些甚至可能是在某种漂亮的啤酒花园中，就座于户外。你现在甚至可以决定，是要吃典型的那不勒斯比萨、意大利北方比萨，还是美式比萨。多么不可思议的多样性。

因此，多亏了孩子，我们也很快发现了最好的一些西餐店。孩子们真正喜欢的地点之一是一家名为 Lenbach（兰巴赫）的德国餐厅。那里提供许多不同种类的德国菜肴。有一次带孩子去那里时，他们极其兴奋，没法相信除了妈妈的厨房外，中国还有这样的地方。那里还提供德国啤酒和真正亲切的氛围。所以时不时地，当我们想要些“家的感觉”时，那儿就是通常去的地方。它就像不离开中国就到德国做短暂旅行。如此在新冠流行期间甚至无须隔离。

2019 年，一家新的五星级酒店——康莱德酒店在沈阳开业。它处于沈阳最高的建筑中。酒店高 88 层，除了尽善尽美的豪华氛围，还鸟瞰整个城市的壮丽景色。我们很快结识了这家酒店的经理，得知他来自奥地利。新冠病毒大流行暴发后，沈阳的大多数外籍人士或多或少不得不留在这座城市，找些旅行之外的其他空闲活动。可是也没有游客到沈阳来，所以对于旅游业来说，一段非常艰难的时期就此开始。不过康莱德的这位经理想出不凡的主意，以吸引本市的外籍人士，而且结合了德国、奥地利和中国的传统和特色。

他发起的最令人惊叹的活动是德国风格的圣诞集市。对于大多数德国人来说，圣诞节通常是非常触动情感的时候，我们喜爱跟家人一起度过，类似中国的农历新年。大多数外籍人士没法回国过圣诞节，跟家人和朋友见面，所以每个人都为这个有几分家乡亲切感的绝好机会而格外高兴。寒冷的天气里，康莱德酒店屋顶露台上有美丽的圣诞树，周遭还有典型的小木屋，数不过来的神奇灯光和圣诞装饰物，以及所有不同的传统德国和奥地利圣诞集市特色菜，它们结合在一起，向全体来客散播着完美、舒适的圣诞节气氛。你可以享用烟囱蛋糕以及热红酒，还有巴伐利亚肉糜三明治、烤栗子和糖衣苹果。在寒冷的天气里，一边跟朋友聊天，一边在圣诞树下啜饮热红酒，这正是来自德国的老外在圣诞节期间所需要的完美的背景和氛围。我丈夫所在的公司也决定在那里举办一个盛大的圣诞派对，所有外籍人士和家人共同庆祝。它是个非常棒的聚会，也是在一年里那个特殊时期获得幸福快乐的好方法，即使远离家乡。

然而，我们在沈阳不仅发现了德国食物，还发现了德国啤酒。在抚顺，辽宁天湖啤酒有限责任公司啤酒厂内，有德国埃林根城堡啤酒厂生产的最好的巴伐利亚啤酒，名为卡尔爵士啤酒。在康莱德酒店度周末时，我们非常高兴地结识了啤酒厂的酿酒大师安迪和他可爱的家人。他们在那里与康莱德酒店经理讨论合作事宜。当时我们正在酒店消磨愉快的周末，跟安迪相遇，这位酿酒大师送了些啤酒请我们品尝。我们完全信服了。这真的是一种非常好的巴伐利亚啤酒，跟当地的中国啤酒相比更有竞争力，至少在巴伐利亚口味上。现在我们经常订购一些啤酒在家里喝，非常高兴见到安迪在沈阳的很多大型活动中推销他们美味的“液体黄金”。有一次我们甚至在抚顺拜访了他，由导游带领在啤酒厂走了一圈，还尝了尝啤酒。随后我们一起去吃饭，到当地一家烧烤店，在那里还可以品尝抚顺天湖啤酒厂酿造的当地啤酒。

2021 年，另一项美妙的传统巴伐利亚活动在沈阳首次组织。

它就是巴伐利亚的 Frühschoppen（上午酒）。一个美妙的小节日，一早就开始，有巴伐利亚派对音乐、巴伐利亚啤酒（当然是卡尔爵士啤酒）、椒盐脆饼、德式香肠、巴伐利亚传统舞蹈表演，等等。在一个河畔公园里，你可以沉醉于巴伐利亚的习俗和美食直到傍晚。国际学校和幼儿园也为孩子们组织了有趣的活动，其他许多人和组织也纷纷加入，使节日大为成功。它在 2022 年又举办了一次，并大有希望每年都组织，因为它把一些愉快的传统带到沈阳，当地人也很是欣赏。

最后但并非最不重要的是，在沈阳，我丈夫所在的公司年年都过一次节，现在已经相沿成习。在普拉那餐厅庆祝每年的慕尼黑啤酒节。它按照慕尼黑的老祖宗传统，有巴伐利亚音乐、巴伐利亚啤酒和巴伐利亚食品，以及舞蹈、儿童娱乐和许多有趣的活动。会场总是有种极其快乐的气氛，连续几个小时，你觉得自己好像真的处于慕尼黑特蕾西娅草坪的一个大帐篷里。它在新冠流行期间最大的好处呢？那就是，由于德国的新冠阳性病例数字之高，节日在慕尼黑无法举办，可我们依然能在沈阳这里平安地庆祝。

回过头看德国，德国有居住于德国的土耳其人的悠久传统。他们许多人已经是生活在德国的第二代或第三代。他们把自己的美食带到了我们的国家。如今，土耳其食物在德国几乎随处可见，有些人已经戏称“土耳其烤肉”为传统德国菜。我听说在巴黎，他们甚至把“土耳其烤肉”作为传统的德国菜在德国餐馆出售。我们一家与土耳其具有非常密切的关系，一心热爱这个国家及其人民，当然还有食物。你可以设想，特别是我们的孩子，听说沈阳有家土耳其餐厅时，他们多么高兴。这家餐厅的菜肴非常棒，非常接近土耳其餐的正宗味道。尽管在中国确实难于为经典的“土耳其烤肉”找到合适的肉，但老板十分投入，一心设法提供美味的土耳其餐。他住在日本，但经常来沈阳。任何时候你需要什么特别的食物，或者想让点的菜送上门，都可以联系他。此地有这家餐厅太好了，沈阳的国际食物已经种类繁多，它又添加了一个非凡的去处。

Scary food

15 可怕的食物

关于中国食物，除了所有美味可口的非凡体验，我们也经历了一些震惊和害怕的时刻。我想，第一次是在夜市上，一个美好而温暖的夏日傍晚。一位卖家在摊位上摆放了一些烤串出售，远远望去是炸成的食物。我们觉得好奇，因为围着的人比围在其他任何摊位的人都多，就凑上去细看一下。孩子们马上叫起来："哦，那是什么？看起来那么吓人？！"我们几乎没法相信眼前所见：摊位所展示的是穿在木扦子上的硕大昆虫。个儿最大、样子最吓人的是大蝎子。真正的蝎子。漂亮，令人印象深刻，同时畏惧和反感。在摊位侧面和顶上，摊主设置了大牌子，指明此处不可拍照。所以我们在那里站了一会儿，观察情况。我们看到有人买蝎子串，拿着炸过并穿起来的生物自拍，装作要咬它们，但老实说见不到一个人真正地吃。我们为这些生物感到怜悯以及反感，如果它们的确只是由于有些人图开心和拍照玩儿而不得不死去，而非因为真的是种美食而被买下的顾客吃掉。

另一次真正震惊的经历，尤其也是对于孩子们，发生在我们特别喜爱的烧烤店之一。它有两层楼，一楼有片区域为日式榻榻米风格，二楼是些常见的烧烤桌。我们一般坐在二楼，享用晚餐的烤肉，吃美味的沙拉和奶酪烤玉米。在这个地方的入口处有个鱼缸，盛着鳗鱼，菜单上也有鳗鱼。所以我们知道这些鳗鱼并非宠物而是食物，尽管我们从未点过，甚至没有想过，因为我们更爱吃烤肉而不是鱼。我们也足够幸运，从没亲眼见过一条鳗鱼被杀。

但是一天晚上，有两个人坐到我们的邻桌。他们到得晚些，所以我们已经差不多吃完了。丈夫和我没怎么上心，但孩子们好像注意到了他们。显然这两个人已经点了鳗鱼。我们的孩子突然哭了起来，指着邻桌。我俩马上明白了身边的孩子为什么如此不安。烧烤架上有一段段鳗鱼乱跳，上菜盘子上的鳗鱼头还在扭动。老二哭得厉害，泪水都顺着脸流淌，用哽咽的声音叫：“它还活着！”实在很难使孩子们重新平静下来，向他们解释鳗鱼本身已经死了，跳起的一段段鱼身和动弹的鱼头只是由某种神经反应导致的。我认为孩子们现在有心理创伤，一辈子都不会吃鳗鱼。

有一天，我们到一家从没去过的小餐馆吃饭。他们根本没有菜单，只有墙上的一些照片。上面的菜肴看起来全都很好吃，我们就在显得眼熟的里点了几样，从冰箱里拿了些饮料，然后坐到一张金属小桌旁，等待饭菜上来。坐等的时候，我细看了看菜单照片，看到倒数第三张时感到突然作呕。它展示了一只盛有某种汤的碗。一把勺子显然刚从汤里舀出什么东西，展示给拍照的相机。迷宫般的结构立即揭示了这个显得黏糊糊的、晃晃荡荡的物体的真实本质。它是脑髓，动物完整的脑，想来为小动物，可能是羔羊之类的。我们很幸运，没点这个。

朋友曾经邀我们去他们家旁边的火锅店吃饭。一个不错的地方，靠近河畔的公园，内部装修很漂亮。室内有几个鱼池、许多植物，墙壁以雕刻精美的深色木板覆盖。作为火锅的狂热粉丝，我们一进门就喜欢上了这个地方。菜单看起来也很棒，所以我们点了很多美味的东西。快点完菜时，朋友说想点鸭血。他尝过一次，真的很爱吃，而这家餐厅有售，他就想点一道。说老实话，我并不完全相信，可也愿意尝一尝。菜上来了，看起来有点儿像一大块果冻，浸在清澈的、略呈红色的汤中。我们用勺子挖下小块，小心地放到火锅里煮。要吃的时候，实在说来，好像跟放进去时没多少不同。颜色或质感没有大的变化。

朋友对煮鸭血是那样热衷，我只好也尝了一下。我的简单评价？它不妨食用，但是吃火锅时我肯定不会再点，因为还有那么多超级好吃的东西。

Volunteering at the shelter

16 在收容所做志愿者

在沈阳，我们最喜欢和最有意义的活动之一是在当地一个动物收容所做志愿者。我们都爱动物，在德国收养过被救援的宠物：一只从乌克兰街头救出的狗，还有两只流浪猫，一只来自意大利，另一只从德国街头救出。当我的英国朋友苏珊告诉我们，她正在支持当地一个收容所，并且他们一直在寻求新的志愿者时，我们用不着多想，就加入了志愿者团队。特别是二女儿，热切喜爱各式各样动物，尤其是所有品种的狗。她居然去抓公牛的角，用铲子和扫帚清除狗笼子里的排泄物，从而成为收容所年龄最小的人物。每当女儿们穿上收容所的工作服，袖子上印有汉字：铲屎官，我始终为之骄傲。我们热爱这项有意义的工作，为了提供更多帮助，我们开始从收容所领养动物。到现在，我们设法把十一只领养狗安置到永久的家中，包括领养它们，让它们习惯于生活在一个家庭中，以及在几个救援团体中发广告等，以便为它们找到一个家，在那里得到爱，能够永远过上幸福的生活。

开始领养的另一个原因是女儿想有自己的狗。我对她说她还太小，没法有自己的狗，但她向我保证照料得了一只狗。所以我俩说好了，她要是想办法照料好领养的狗，并且单凭自己照顾它们（当然她上学时我会代劳），那么她可以从收容所挑一只小狗作为自己的狗。你已经知道这事的结果如何了？她为领养的狗做了绝对惊人的工作，而我们允许她挑选自己的狗。为了选择最适合她的灵魂伙伴狗，她去了收容所三次，进入每一间狗舍，观察每一只狗，试着与之找到联系并建立关系，终于剩下两只，她想从中选出永远的同伴。最后的决定并不容易，但她被那只黑白相间的小公狗吸引得多一点儿。她偏爱黑白狗，因为还在学走路的时候，她就深深地喜爱我表哥的边境牧羊犬，那只狗死后，我女儿非常想念它，至今如此。那只边境牧羊犬叫萨穆，而沈阳收容所的这只小狗看起来就像小号的它。这样，在四月的一个星期六，她带着自己的萨穆回了家。她真正喜欢的另一只母狗，我们稍后做了领养，送到我在德国的表哥那里。它现在和它的“老大哥”，一只荷兰牧羊犬，快乐地生活在一起。

通常在收容所辛苦工作后，收容所主人就准备一些可口的中餐，以感谢我们的帮助。由于这位女士是虔诚的佛教徒，她一般只准备素菜。食物往往非常简单,但总是非常可口。有一次，在日常清扫工作之外，我们还得为收容所的动物剥掉几百个煮鸡蛋的外壳。什么活儿啊。随后主人给我们做了西红柿炒鸡蛋，可我们几乎吃不下，因为那天已经对付了太多的鸡蛋。

我女儿是这样喜爱在收容所的工作，八岁生日时，她邀请朋友们到收容所一同庆祝，跟她一起清扫狗舍，喂动物，爱抚搂抱它们。而且,她不希望他们给她带礼物,而是向收容所捐赠。我对主人说，女儿想在收容所里庆祝，问她这事能不能行。她被这个想法触动，马上同意了。她问应当准备什么来帮助庆祝，不过我告诉她我们会带来一切，只需要一张桌子，也许还要一些椅子。我做了计划,决定在那里吃蛋糕,随后吃些烧烤。这样，我从海南一家德国肉食厂订购了芝士香肠，预备了沙拉跟烤香肠一起吃，又做了个漂亮的蛋糕，上面的图案是一只边境牧羊犬的脸，还配上一些纸杯蛋糕，上面的图案是各种各样的狗脸。所有的图案都由手工制作，当然可以吃。我花了不少时间做种种准备。此外，我们还预备了一个节日彩罐、一些用于游戏的糖果，以及饮料、装饰气球，等等。收容所主人联系了我好几次，问还可以准备什么。我告诉她，如果可以使用她的烧烤架就最好不过，而不需要准备任何东西了，我们非常高兴有机会在那里庆祝，我们会带去一切。

于是，在这个美好的夏日午后，派对计划开始前两小时，我们前往收容所，以便安排一切，装饰和准备。停好车，进入收容所大门，我们被眼前的情景深深感动……从房子直到大门口，一条红地毯为我的女儿铺开。在红地毯两侧，他们摆放了真正的花束作为装饰。他们搭起了两个棚子为我们遮挡阳光。一切都用气球、鲜花等装点得漂漂亮亮。主人请了些朋友来帮她，他们同心合力造就了一个精彩的派对，为了我女儿，这个想把自己生日献给收容所动物的小姑娘。打算开始烧烤时，我们发现，他们不只准备了装饰，还有食物。这么多的烤串，甚至用不上我买的香肠。此外，他们还准备了一只很大的羔羊腿，放在一种户外烤箱中烘烤，下面是煤火。我从没见过这样的烤箱，但事实证明，这是连续数小时以文火烤羊肉的完美方法。肉又嫩又软又好吃。食物太多了，我们吃不完，只好带回家不少，吃上好几天。我们感到非常荣幸，结识这些人并享受他们热心的款待。我女儿也得以筹到相当一笔钱，捐给收容所。这也确保她毛茸茸的收容所朋友在随后几天以至几周里大吃特吃。

清扫狗舍以及吃饭之后，孩子们还有些时间去搂抱爱抚收容所中年龄最小的入住者——几只不过数周大的小狗，是就在收容所旁边发现的，装在一个塑料袋里。

16

在收容所做志愿者

Red army base camp

17 红军大本营

有一天，丈夫的一些同事邀我们一起吃饭。他们说，大家要在“红军大本营”会面。一听这个名称，老实说我有几分畏惧。在我耳中，它听起来与打仗、战争和武器有关联，而不是与同事和朋友共进晚餐的美食场所。不过我们当然接受了邀请，因为也好奇这个地方会是什么样。

于是我们在一个星期五晚上来到这里。抵达停车场，对于这个地方为什么叫作“红军大本营”，大家已经有所认知。我们受到停车场服务员的迎接，他们身穿带金色纽扣的深绿色制服，脖子上挂着仿制的冲锋枪。他们指点停车的地方，并带路前往餐厅入口。穿过大门，我们首先发觉自己身处一个门厅，看起来更像中国历史博物馆的展室，而非餐馆的入口。墙上陈列着许多不同种类的武器模型，从刀、剑和军刀到步枪、手枪等小型枪支，再到机枪和火箭筒等大型武器。在这些武器前面，沿墙壁以 L 形摆放着展台。展台上的陈列柜里展示了战争时期的各种大量物品，来自红军的，自然还有与毛泽东有关的物品。有硬币、奖牌、印章、邮票，还有旧信件、报纸、搪瓷杯盘、军用水壶等。当然有数不过来的中国国旗，几尊大小不一的毛泽东半身像，还有些套上了不同军装的人体模特。细细地看完所有的物品，我们方才想起进入名为“红军大本营”的餐厅。

里面还有一些奇观等着我们。一条小小的人工河自然地流过餐厅。这条小河的岸边有假的木船，上面摆放着餐桌和椅子，所以你可以在船上享用大餐，就好像真的漂在河上一般。在餐厅的左右两侧，墙壁看起来仿佛以灰色砖块砌成，有些小门分别通往包房，房间窗户朝着餐厅里。在“红军大本营”的后部，有楼梯通往二楼。楼上的走廊看起来像是街道。如果没有天花板，你会真的以为自己身处户外而不是在餐厅里。朝右和朝左也有些门，看起来都像这街上一间间小房子的入口，它们通向更多的包房。

位于一楼，就在楼梯旁边，你找得到“选择和点菜区”。这里有仿真的菜式展示，你可以从中挑选中意的菜肴。此外有新

栈
升平客栈
贵宾楼

鲜的蔬菜、鱼、肉，等等，还有灯箱展示的成品菜肴照片。这里的食物棒极了。餐厅提供所有我们钟爱的经典东北菜肴，质量真是没的说。

我们很是享受在“红军大本营”的第一顿大餐，在手机中存下了餐厅的位置，以便能够再次找到它，带朋友前来。

Other Chinese food

18 其他中餐

不用说，你可以在沈阳各处找到中国其他地区的特色菜以及西餐。例如，我们虽然不太喜欢上海的食物，但真的也很欣赏来自其他地区的食物，像四川和其他地方。

以鱼为例，我们实在喜欢吃松鼠鳜鱼，这是苏州菜中的佳肴。它看起来像一条爆炸的炸鱼。它悦目地置于盘子上，头尾高高翘起，显出些许骄傲，点缀了坚果，浇上超级美味的糖醋汁，这道菜是视觉和味觉的完美成就。我要说，它的调味汁与美味的锅包肉非常相似。它的最妙之处在于，运用非常复杂的切割技术，厨师取得的效果是，这条鱼在上桌时几乎完全没了骨头。

我的孩子们喜爱这种鱼，总是吃不够。

另一道我们，尤其是我，实在非常喜爱的特色鱼，是川菜的水煮鱼。遗憾的是，对于我们家大多数成员来说，这道菜过于麻辣了，所以我只能在我俩和朋友出去吃饭时点它，他们也嗜食热辣,像我一样。我钟爱桌子上这个大碗的样子,盛满汤汁，有大量的辣椒和花椒，以及许多其他香料。深入探查，你见到金针菇和豆芽加上煮得软软的白色鱼肉。这道菜是风味的极致暴发。它味美辛辣，一旦尝试就实实在在地让你上瘾。你会一而再再而三地想吃。

在我所有关于中国美食的故事中，你肯定已经发现缺了一道菜，对吧？而这道菜，名扬天下，就是北京烤鸭。所以我的北京烤鸭故事这就来了。实话说，它是我家吃大餐几乎必点的，因为孩子们爱吃,我俩也一样。我们第一次真正吃烤鸭是在北京。有人推荐了一家著名的北京烤鸭店，我们就做了尝试。我怎么说呢，我们喜爱它。我想这道菜一定有各式各样的，因为它太出名了。不管怎样，我们被告知，北京的这家店以最正宗的方法做烤鸭。这是个奢华的地方，有非常高的服务标准。你需要预订。我们就照此办理。我们预订了，穿戴整齐，在一个星期五晚上去了那里。

抵达时，我们受到着西装打领带的服务员的迎接，引领到我们的桌旁。餐桌布置得很漂亮，这家餐厅的气氛的确非常高贵典雅。我们就点了烤鸭，一心想知道是什么在等待我们。服务员过来，把一张边桌放在我们桌旁。他在上面打理鸭子，就是说，为我们切鸭子。他先是给鸭皮蘸上些白糖。这起初看来很怪，不过我们当然是尝了一下而并无后悔。蘸糖烤鸭皮实在是一种超级美味的体验。他然后用一把特大的刀分割去皮的鸭子，超级熟练地把这块结实味美而柔软嫩滑的肉切成均匀的一片片。肉片配上薄薄的黄瓜片和葱。服务员向我们展示了怎么以传统的方式吃鸭肉。我们得把肉片放进浓稠的深色甜面酱里蘸，再搁到一张特制的薄饼上，加上黄瓜和葱，卷起来才可以吃。何等的美味爆炸，如此这般的可口与完美。

回顾过去几年在中国各地品尝的所有食物，我们都同意，最喜爱的还是在东北地区。不过我们也确实欣赏成都的食物。我们仍然需要到中国的其他一些地区走走，看看有没有更多好东西还没吃到。这个愿望以后大有可能实现。

Real dongbei food experience

19 真正的东北饭菜体验

为了获得真正传统的、典型的东北饭菜体验，我们就得再回到沈阳待一阵儿。我们需要一些来自成都的中国朋友带着前往。不过我们十分庆幸来到此处，也不会是最后一次来——这是肯定的。

这个场所离市区有些远，挨着一个宜人的当地休闲区，拥有优美的自然环境，包括山丘、溪流和一个湖。朋友住在附近，一个非常漂亮的大院里，不过遗憾的是离市区挺远。所以他们知道这个场所并告诉了我们。我们对他们所说的极为好奇，迫不及待地想前往此处。这样，在二月的一天，我们动身前去吃晚饭。朋友已经为我们做了预订，告知是“5 号房”。

抵达的时候，天色自然已经黑了，难以找到地方。我们开车深入，寻找停车场和这家餐厅。这一片看起来更像个小村庄，有几所小房子。我们得小心翼翼地开车，因为有不少流浪猫狗跑来跑去，寻找食物。天实在太暗，我们也就拿不准怎么走。街上有位中国女士在挥手，不过我们忽视了她，一心想弄清楚该去哪里。这时我们看到朋友的车停在道边，就把车靠近停下。我们正朝最大的房屋走去，以为必是餐厅，那位女士又出现了，朝我们跑来，一边挥手用中国话喊着什么。虽然先前我们一直以为她的手势并非实际上打给我们，现在很明显她是在对我们说话，因为周围没有其他任何人。我们就停下来，等着她，试着分析她的手势或捕捉个把中国话词语。当她走近时，我们看清，她正指向小房子之一的方向。这工夫我想自己明白了她在努力说什么，就问我们的朋友是不是在那儿，两个大人带着两个孩子。她说“dui dui dui”（对，对，对）。我们就跟着她前往这所小房子。

我们穿过一个小花园。花园遍布东北严冬的无情足迹，不过还是显露了一些细节，让我们设想春夏时节它必是多么漂亮。靠墙设置了一条精致的、浪漫情调的长凳，通往小房子门口的小径穿过一个玫瑰拱门，四周有许多不同的可爱细节，如雕像和小雕塑。园中甚至还有一台旋转烤肉叉，以供烘烤整只的羔羊。

拉过头顶的绳索上挂着没点亮的灯笼，在冰冷的冬风中轻轻地摆动。我们真的可以生动地想象，这里在温暖的日子必定很美。

门口有一个标示5号的牌子。我们就由一条小走廊进入了房子。这走廊里有台冰箱，装满各种饮料，包括啤酒。走廊尽头是一间小浴室，里边有马桶和洗衣机。没错，洗衣机。我们也认为这很奇怪，而无法完全理解。右边有另一扇门，通向一个大房间。我们的朋友就在里边。这所房子就是所谓的“5号房”了。它具备你所需要的生活用具乃至更多。房间中央是一张带转盘的大圆桌。就在门旁，左边角落里，有一张自动麻将桌，桌上放着一把电吉他，可以连接右边角落里的音响系统，包括一个屏幕、一套 KTV 系统、话筒和迪斯科灯。所以基本上，你能想到的完美派对之需无所不备。

在房间的后部，大桌子后边，设有一种很大的台子，台上另有一张桌，桌腿很短，周围是一圈坐垫。朋友的孩子已经坐到台上的桌子旁。我们得知，这种类型的房子属于非常传统的东北建筑方式。名为“炕”的台子是这种房子里最吸引人的部分。它基本是房子的核心，因为它是床、用餐区和供暖系统合而为一。在这个“炕”下面有某种以煤火加热的空间，这样它就是冬季房子里最暖和的地方。在它的一侧有个小柜子，装着些垫子和床上用品。这样，晚饭后，这类房子的居住者只需把“炕”上的小桌子撤走，铺上被褥，就有了个美好、温暖、舒适的地

福

方睡觉。非常聪明。这房子真是个超级美好的场所，可以在这里消磨全天，甚至可以在“炕”上打个盹。我们决定夏天还来，在这个地方体验一整天。

我们弄明白了一切之后，食物已经开始端上来。头一道菜已成超级传统，属于我孩子的最爱，东北牛肉乱炖。为了吃上全面而健康的大餐，其中包括你会想要的一切：肉、青豆、豆芽、玉米、马铃薯，等等。这种惊人的美味，内容丰富，满满当当地盛在铁锅中，上边还盖着个面饼。这个松软的面饼在炖菜烧煮之前搁到上边。它的下半截看来吸满了美味的汤汁，而上半截松软轻盈。这道创意十足的菜吃起来实在太棒了。

孩子们已经沉迷于这第一道佳肴时，更多的菜端上来了。我特别爱吃的一道，那天晚上头一次尝到的是种豆腐菜，它叫蟹黄豆腐。我至今感谢朋友的女儿喜爱这道菜并点了它，不然的话，我想自己永远不会尝到它。也许时至此日，我们已经不再像刚到沈阳时那般冒险了。我们已经找到特别爱吃的菜肴，通常就点已经熟知的。这并非因为不想尝试新事物，而更多地由于钟爱如此熟知的一些，以至近于屡吃不厌了。所以我非常高兴得以尝到这菜。它由豆腐加上一种鸡蛋酱烹制而成（朋友说它的传统做法是加蟹肉制成，这就是它的名称由来；不过由于蟹肉很贵，现今大都不加了），这菜真是滋味和质地的独特组合，我的味蕾喜爱并将永不忘记。另外，我们还吃了些菜花、粉丝、炸素丸子、汤和烤羊排。饭后，孩子们玩起 KTV，唱了几首电影《冰雪奇缘》的插曲，以及泰勒·斯威夫特，他们特别喜欢的歌手之一的歌。在沈阳近郊的这处乡村，我们度过了一个难忘而美妙的夜晚。永远感谢朋友带我们去那里。

Smells or odors?

20 什么味儿？

强烈而使人反感的臭味针对你的嗅觉感受器，躲不开地潜入你的鼻孔，挡不住地钻进你的鼻子，就是要引起激烈的恶心，使你想立即呕吐。你转过头，要找出这种令人不安、不请自到的恶臭气味的来处，于是发现了它。路边停着一辆皮卡车，出售一些硕大、多刺的东西，外观像巨型的冠状病毒或星际的、银河系的物体，它们一定是乘坐不明飞行物来到这里的。在卡车的前排，你看得到它们有的切开了，露出肥厚、带光泽、奶油状的黄色内瓤。卖家手持一把大刀，看起来更像带锈的砍刀，把它们切开；用戴着一次性手套的手拉出柔软、带臭味的果肉，放进塑料容器，仔细密封再摆开来卖。我这辈子从没见过这些

东西，它们显然是水果。它们的大小和恶心人的臭味使我印象深刻，我需要弄明白这些东西是什么。

我上网研究后颇有收获，得以认识了地球母亲慷慨赐予的又一种水果，尽管怀疑查明这种气味难闻的物种是否可以食用确实有必要。不管怎样，在研究这种奇怪的水果时，我发现，人们对它的看法，看来被它鲜明地划分为严格区别的两类：一类是绝对喜爱并离不开它的粉丝群，一类是憎恨者，他们干脆认为它的气味、它的口感、它的质地，有关这种水果的一切通通令人作呕。

猜猜我属于哪类？我受不了这种气味，它导致我感到强烈的恶心。尽管如此，我想，如果这种水果也有粉丝，我需要尝一尝。我就尝了。我做到没吐，可也很接近了。质地，口感，在我看来全都够恶心的。所以我想可以了，这算是它的粉丝了，我吃了这个水果，就这样了。然而事情哪里会这么容易。要知道在中国，这种名为榴梿的臭水果的粉丝群超乎想象地大，你可以轻易找到它，而且会在不经意间发现，它是一种你在完全意料不到之处得见的食材。人们把它放在比萨、冰激凌和糕点上，卷到薄饼里，等等。有时你看到食物的照片，上面想必是令人垂涎的融化奶酪，结果竟然是榴梿……我挺过了好几次这种失望，随后又是这种引起恶心的味道，在嘴里数小时不散，不管吃东西、喝水还是使用漱口剂或刷牙，都摆脱不了。它就是不请自来，把我的味蕾当成它的家，待在那里使我难受，更以每一次呼吸、每一次吞咽时时提醒鄙人尚在，全然无意尽快告辞。

听传言说，由于它困扰很多人的强烈臭味，中国城市有些地方严禁出售榴梿。我还没有机会验证这是否属实，不过如果是，我完全支持这项规定。我也大受其扰。名称这么美好、外表这么壮硕的水果，口感和气味怎么会如此怪异？不过必须承认，我高兴有这么个粉丝群，因为假如没人碰这个硕大软糯的水果，那就过于可悲，属于极大浪费了。它显然又是维生素的良好来源，首先是 B 族维生素，以及维生素 C，它有助于我们的身体增加血清素的产生，那是我们自身的“幸福激素”。我则不然，我是要吃些美味的东北食物来增加自己的“幸福激素”。

Temple of feast

21 盛宴的殿堂

如我已经数次提到的，中国拥有如此丰富多样的餐馆和这般各个不同的用餐方式，比德国的多得多。热爱食物和吃喝，不仅由于味道，由于食物对我们的精神和身体都重要，而且由于通过食物，你可以学到许许多多，关于文化和历史。而有关所到访的每个国家，在中国当然也不例外，我们最喜欢的事情之一是探索饮食文化。

我们在沈阳发现一种特别的餐厅，称它们为什么呢，叫盛宴的殿堂吧。我第一次探访这类餐厅是赴丈夫所属公司的商务晚宴。这个地方的入口处已经给我留下了深刻的印象。感觉更像进入大酒店的大堂，而非进入餐厅。

一位彬彬有礼的女服务员非常热情地迎接我们，带我们前往一个大展厅，这个地方所提供的所有菜式都在此展示。我说不上它们是真实的菜肴，以某种方式保存以维持很长时间，或者根本不是真实的，而是仿真的菜肴。不管怎样，它们放在盘子上，以透明塑料膜细致覆盖，摆在这个大厅展出。菜名用汉字写在立于盘子后面的小标志上。与专属的女服务员一起穿行于这令人口中生津的美食展示大厅，你只需指向想要的菜肴，她就会写下你的点菜单子。大厅的中央看起来像个大水族馆，有点像海洋生物中心，当然除了并非真正适宜的生活环境，因为这不是所有鱼类和其他海鲜的长期住所，而只需保持它们的鲜活，直到被选中变成美餐。我很高兴和数量众多的人一起参观这里，从而得以品尝许许多多在此处推荐的这些令人惊叹的菜肴。

点完了菜，女服务员陪我们前往我们的私人房间。一个巨大的房间中间是一张带转盘的大圆桌，其大为我此生所仅见。桌子上方天花板垂下的美丽的枝形吊灯照亮房间，彩虹色彩的光斑遍布天花板和墙壁。这是一种华贵但仍然温暖舒适的氛围。我们刚脱下外套，挂到房间一角的衣架上，选定座位，第一批菜已经开始端上来了。第二道菜在所有宾客，尤其像我俩及孩子这样的外国人中引发了惊奇。它是一道冷盘，一种米纸卷，配上胡萝卜和萝卜之类细心雕琢的蔬菜，精致地摆放在盘子上。从盘子中间升起了一种水气或雾气。我们发现，盘子里有干冰，释放出这股神秘的雾气，以至在味蕾快意沉迷于这些米纸卷的惊人美味之前，就把这道菜变成了一场视觉盛宴。

那天晚上有这么多看着惊人、食之味美的菜肴，纵容着所有感官，我们只能不知所措，完全爱上了这个地方。孩子们的最爱是拔丝地瓜。满盘一口大小的地瓜块儿裹有融化的糖。你得抓紧获得自己的份额，首先由于孩子们都像饿鹰捕食一般直取这道菜，其次糖一旦凉下来地瓜块就不易分离。再后来把地瓜与这一大块凝固的糖分开就更困难了。

我们一进房间就发现了墙上的电视，不过以为在餐厅的用餐房间里安上一台电视是中国餐厅的标准配置。我们不知道，晚饭后才发现这不仅仅是普通的电视，而是卡拉 OK。当大家都吃得差不多时，丈夫的同事打开了墙上一个隐藏的柜子，在里边我们找到了精彩的音乐派对所需的一切。我们又点了些啤酒，打开麦克风，开始了一场很长的餐后卡拉 OK 派对。虽然我讨厌德国家乡的卡拉 OK 派对，因为缺乏歌唱天赋，但在这里非常有趣。为什么？这很容易解释。你在私下里举办卡拉 OK 派对时，只是和家人或朋友一起，而不是和其他生人。这意味着它远远谈不到尴尬，而是有趣得多。我们足够幸运，这台卡拉 OK 机还提供了大量的英语歌曲，所以我们都可以参与

和歌唱。我们发现，中国人看来更经常这样做，而且是比我们好得多的歌手，不过无论如何，乐趣是巨大的。那天晚上，我们不仅成为盛宴的殿堂的粉丝，还成了中国卡拉 OK 派对的迷恋者。

Embarrassment caused by ordering dish

22 点菜导致的尴尬

在我们家，我丈夫是中国经历最多也最早的一个。早在2005年，他已经首次住到沈阳，当时他正在此地实习。从2012年到2022年，我见证了这个快速生长、发展和演变的城市中的变化，我被这里更大、更快、更多元的发展以及日新月异的生活所折服。我2012年第一次来中国时，没有微信、在线翻译这些东西，更不用说在线订购和支付的所有可能，它们以不容小觑的方式便利了我们的日常生活。那时，我们得预备中文地址，好给出租车司机看，以到达正确的地方；现在则可以进入滴滴应用程序或小程序，只要输入地名，多半甚至仅为英文，不必顶着雨或挨着冻等待汽车，而是确切知道它将何时到达，只需上车、下车，免去了沟通中的误解，甚至付款也以应用程序自动完成。如今在中国的生活是如此迅捷，如此便利和轻松。回到 2005 年，情况居然那样不同，连我都难以想象。另外，它也可能比如今更具冒险性和刺激。

当时和今天之间的一个很大不同得提到在餐厅点菜。如今，大多数餐厅都有所备菜肴的漂亮照片，不是在墙壁悬挂的灯箱上，就是在看起来像价值不菲的光面杂志的菜单中。有时你甚至可以发现对菜肴的英文介绍，或者接过一个平板电脑，自行点击相应食物的照片直接点菜。2005 年那会儿，只有极少数餐馆才备有照片，所以一种可能是，你得知道要点的菜的名称，可是接着难免服务员听不懂，不是由于他们真的听不懂，就是仅仅由于她认为，外国人绝无机会认识任何中文，他们也绝无可能听懂哪怕片言只语。另一种可能是，你只是在餐厅里漫步，好奇地观察其他顾客的桌子并琢磨他们的菜肴，尽力挑选那些看来好吃，又多半不像有任何奇怪成分的，然后告诉服务员“zhege”（这个），你就会得到同样的菜。

由于我丈夫和他的朋友在中国待的时间不够长，完全不懂中文，不知道任何菜名，他们大多数时候也惯于只采取最后一种策略。于是，在 2005 年这个非常难忘的夜晚，他们如法炮制。几个人进入一处餐饮场所，这里看起来会在友好的氛围中提供美味的食物。就餐和聊天的宾客满堂，一向是食物品质优良的好迹象。他们就带着女服务员穿行于餐桌之间，指着若干菜肴说“zhege，zhege，zhege……”，当我丈夫指向一盘菜，说“zhege”的时候，女服务员似乎犹豫了一下，问了句话，大概是，你确定要它？但他没太听明白，也就又指了指。于是她写了下来，他们继续。点完了菜，朋友们从接待台旁的冰箱里抓出几瓶啤酒，到一张带转盘的大圆桌旁坐定，一边等待上菜，一边惬意地闲聊。

所有的菜看上去都那么美味，吃起来也非常可心。他们享用着每一口菜，也为独到的眼光而得意，至少直到他们意识到，邻桌的一些姑娘都在咯咯轻笑，互相窃窃私语，同时用手捂着嘴。看来以我丈夫和他的朋友为代价，她们得到了大大的开心。丈夫和朋友试图无视她们，然而现实如此难以回避，令人不安，以至他们终于走过去问：什么事会这么有趣？姑娘们，显然也是学生，会一些基本的英语，一直在笑，显然她们难以决定，应当由谁来告诉这些老外，是什么引起了她们的欢乐。来自德国的朋友们花了一段时间才弄明白这应该意味着什么。他们随即恍然大悟：自己刚才吃了牛鞭。不知道是应当笑还是吐，他们决定选择前者，只是明显尴尬，把这道菜剩余的部分留在盘子里，尽管吃起来如他们现在所回想，怪怪的就像海绵。不过说到底，一向如此，尴尬一旦得以克服，就不至于大到不是个好故事来讲一讲。

Afraid of the unknown

23 害怕未知

它深深植根于全世界所有人的身心之中，即便最有冒险精神、好奇和勇敢的人也不例外——那就是对未知事物的畏惧。其强度可能有所不同，但不可否认它总是存在。

我们有一位中国朋友，我丈夫认识他还是在 2005 年首次到沈阳实习时，所以这是一段很长久的友谊。朋友也非常了解我们，他对德国，德国的文化、食物、习俗等所知甚多。一次，他带着妻儿一起来德国探访我们。我们请一家人住进我们房子里的小单元，所以他们得以拥有一些隐私：独立的浴室、独立的厨房等。他们非常高兴，我们则极其高兴有他们在一起。不过，看到他们带了整整一行李箱方便面来到慕尼黑，我们几乎难以相信自己的眼睛。同种类的面，在德国几乎每家超市都能以很低的价格买到。而他们把大部分假期都消磨在家中，单元房里，准备中餐，煮饭烧菜，等等。我很是享受这段时间，因为家里有了中国饭菜好闻的气味。可我不明白，他们怎么就是不出门，去发现所访问国家的烹饪文化。

接着我发现，完全相同的事情反过来发生。当德国人到中国时，他们非常操心所有自己在中国也许买不到的东西，他们带着满满当当的行李箱来到这里，装的东西也是在中国轻易买得到的。正是对未知的畏惧驱使人们囤积物品，那使他们感到好像在家。例如，由于中国和德国相距甚远，人们预期一个截然不同的天地，害怕无法存活。尽管都知道我们生活在全球化时代，这种畏惧依然不见消散。

我非常清晰地记得我表妹及其未婚夫的来访。他们住在德国中部一个很小的村庄里。他们的确经常旅行，甚至周游世界，但多半都在大酒店预订一站式旅行服务。他们到中国来，先跟我们会面，然后继续前往北京和上海的预订旅程，由当地导游陪同。他们到沈阳的第一个晚上，我们带两人去了附近我俩特别喜爱的东北餐厅，一家规模很小而菜式有限的饭馆，基本上只有本地顾客，但有美味惊人的中餐。我们点了所有特别喜爱的菜，诸如锅包肉、宫保鸡丁、肉末茄子、蚂蚁上树和木须柿子。

那天晚上表妹格外安静，话不多，脸上还有种难过或畏惧的表情——实在说不好。我以为这也许是由于刚刚结束的长途旅行，以为她只是过度劳累疲惫。

然后菜上来了。她用起筷子来非常笨拙，但餐厅老板马上意识到这一点，转身就为我们所有人拿了些勺子，和蔼地含笑递过来，非常注意不让任何人丢面子。我留意到表妹拿过勺子吃起来时，脸上出现羞涩不安的笑容。过了一会儿，我们问他俩喜不喜欢这些菜。看到表妹眼中喜悦而宽慰的泪水时，我非常感动和惊讶。她说，太好吃了。直到此刻，我才意识到她对中国食物的关注是多么认真。看来他们在此行之前听到了许许多多关于中国食物的疯狂故事，比如中国人会吃狗肉和蛇肉、昆虫，以及总之大多恶心和奇怪的东西，还有在中国这里难以找到任何能吃的东西，可能不免在旅途中逐渐忍饥挨饿。他们来探访之前，我们谈到食物，她提到了这一点。只是由于我已经对这些刻板印象感到恼火，并且当时确实更了解真相，看来我的确没认识到她是真的畏惧。

不管怎样，我极为高兴她喜欢这些食物，在这头一顿晚餐之后他俩也愿意尝试一切，跟我们一起体验中国烹饪文化。我俩带他们去了所有我们喜爱的地方，让他们吃到火锅、韩式烧烤、面条和街头小吃，带他俩去夜市，等等。一个星期之后，他们继续旅程，前往北京和上海。旅行结束后他俩告诉我们，他们随着我俩一起在沈阳吃到了最好的中餐。他们还说，导游由于了解国外游客通常都有对未知的畏惧，不敢带他们去地道的中国餐馆吃饭，多半推荐中餐更西化的版本，而此时表妹和未婚夫已经能够辨别并非原汁原味的中餐了。这多亏了他们在沈阳度过的日子，多亏了他们对中国烹饪的开放态度，而不顾对未知事物的真实而确切的畏惧。

有的时候，秉持信任，勇敢行事，与个人的畏惧斗争，克服它们，以发现美好，或者发现这个世界奉上的惊人美食，实在值得。

The first priority: eating

24 第一要务：吃

吃对生存至关重要。人类有生以来就一直在进食，因为饮食是我们身体的能量。我们的身体设计成必须吃才能存活。数百万年前，我们的祖先作为狩猎者和采集者，除了寻找食物来源几乎没有任何事做，对此外的事情也都不怎么在意，一心只求活下去。所以在这个意义上说，吃一直是一件大事。只是当然了，上古的时候，吃与其说有关味道，不如说只是有关营养和生存。到人类发现火的应用时，味道才正式上场。慢慢地，在过去的上千年里，吃法逐渐形成，菜肴得以创造出来，代代相传，随之记录下来，以备后来运用。在中国，饮食一直是一件大事。御用厨师为皇帝创造了惊人的盛大而多变的宴席。但据史料记载，这些宴席，由于宫里行走路线长、保温难等影响，吃起来已经不是非常可口了。然而，御用厨师发明了极富创意的菜式，它们一直持续到今天，并级大地影响了中国的烹饪文化。

说到吃饭，中国人是开不得玩笑的。在中国，吃饭是一件非常认真的事情。食物的质量、用餐的时间以及菜肴的呈现方式，与食物有关的一切对中国人来说都极其重要。我丈夫认定我们在中国吃头一顿饭的地方，原因也在于此。因为他已经知道，即使一个场所看起来不像德国的餐馆，氛围不太吸引人，地面可能不很干净，墙壁粉刷不够完善。如果里面有许多人用餐，这就是食品质量完美的最佳指标。食物永远是头等要事，即便是一个小饭馆，他们仍然会不仅关心质量，而且关心菜肴的外观。所以极有可能，你会在盘子里发现哪怕一朵小花，从而使菜的样子更具吸引力。

我认为很多德国人动不动就不吃饭。就我而言，早饭尤其是很长时期惯于忽略的，尽管我年轻的时候，母亲总是告诫它是每天最重要的一餐。我就是宁愿多睡些时候，或者在后来的生活中，试图以干脆不吃早饭来减少些热量。直到现在来到中国，我才重新开始把早饭视为必不可少的一餐，并规规矩矩地吃。当然是中式早饭，主要是米粥。然而我认识的许多中国人对早饭的态度更为认真。他们很早就起床做饭，用的是我甚至不会为午饭或晚饭准备的食材。三餐盛宴包括种类繁多的美味佳肴，包括肉类、蔬菜、鸡蛋或者海鲜。我还是宁愿多睡一会儿，从信得过的粥铺定购米粥。我有一个中国朋友，每天早上太阳升起，他也起来，给全家做至少三种不同的饭：自己、妻子和三个孩子。年龄大些的两个已经打下手了，从而取得烹调知识。总是新鲜的食材，总是包括身体必备的全部营养要素，以便供给全天，或至少直至午餐时间完美工作所需的正确能量。

午餐，中国人日常生活中另一个不可忽略、性质重要、必不可少的点。试试找个会在午间来解决你家浴室漏水的工人，那是做不到的。假如周六早上六点钟你被施工噪声吵醒，因为楼上单元在装修，那就放心吧，中午时分你可以在绝对的宁静中平安无扰地打盹。没有什么事也没有人会阻止中国人吃午饭。

有一次，我不得不接受体检，当天得做完了才能吃饭喝水。这样我只好一早空腹上医院。他们做了几项检查，直到中午才做完。我被要求在快12点时去见医生，而他说现在不能为我做检查，因为他这会儿需要去吃午饭，我得等到他吃完饭回来。你不难设想，这一刻我实在生气了。不仅由于先前看到他嚼饼干，同时饿着肚子的我口中生津，还连一杯水都不让喝。我对他说，他吃了早饭、饼干，喝了茶什么的，而我一直空腹以完成这次体检，所以希望他现在就做，不然我会离开。这工夫我真的非常生气。幸好这位医生非常友善，完全理解我的处境，他于是好心地先做了检查，直到结束了才去吃午饭。

另一次我们就没这么幸运了。我女儿需要做一次腿部 X 线检查，我们被告知 11：30 到医院。完成了有关挂号的所有手续后，我们转到 X 线科。陪同我们的英语私人诊所护士亲切地请我们坐下稍等，她会去通知工作人员我们到了。她回来时，告诉我们只好等上一小时，因为所有的工作人员都去吃午饭了。我简直无法相信。这话是认真的？他们只是为了吃午饭而全体同时离开并关闭整个部门？没错！他们就这么做！在这样的地方，我们会预期人们可能轮班工作或错开时间吃饭，他们全都 12 点准时离开——去吃饭。这实在让人迷惑，有时——例如在特殊情况下——也令人不安。不过，这就是体验另一种文化非常特别和有趣之所在了。

Never stop discovering

25 发现不止

说来不无趣味，重到中国时，我们非常期待能够享用自己已知的全部美食，以至难得发现任何新的东西。当然了，在去中国其他地方的旅行中，我们高兴地发现了那里的烹饪文化，体验了先前从未品尝的新菜肴，但在沈阳，我们大都认准已经证明惊人好吃的著名菜肴，几乎没有去尝试任何新东西。此外，平时上班、上学时间很短，基本上只有周末晚上才容我们出门，到餐馆享用大餐。我们发现，自己的周末大餐多半都在已经非常熟悉的地方，一遍又一遍地点同样的菜，首先因为很是想念它们，其次因为只是喜爱它们，乐于能够再度享用它们。在德国，我们往往说，人是习惯的生物。我想，这说的简直就是我们。

幸运的是，在国外生活，尤其是在国外工作，你结识了新的人们，而我足够走运，得以摆脱所谓外籍人士圈子，并且遇到当地的中国人，他们非常乐意向我介绍一些全新的、美妙的中国烹饪文化体验。

只是，我花了好几年才真正发现新的东西。不过，另有一种说法：晚些也比没有强。这完全是真的。最终，我为后来得到这些经验而无比快慰，至少我得到了。例如上周，一位中国朋友给我讲起沈阳一道非常特别的菜，它在秋冬季节最为有名，因为能够提供很多能量，暖身子，而且是用即便在寒冷的冬日也容易买到的食材制成的。它是一种炖菜，主要由大白菜、猪腹部肥厚的“白肉”和血肠组成。不过这种“血肠”跟我们在德国吃的血肠不是一回事，德国血肠不仅包括血，更添加了肉、培根、肥肉和若干香料。它跟英国的黑布丁也不好比，黑布丁除了血还有别的，比如肥肉和燕麦片。中国的这种只是用血做的，没有其他成分。灌在由猪肠制成的肠衣中。它切成片，跟绿色和白色的炖菜相得益彰，形成了可称漂亮的反差，使这道菜看起来非常养眼。由于德国是个盛产肉类、香肠、土豆和多种卷心菜的国家，我们确信这道菜一定对我们的胃口，尽管名称有点儿怪。我们就充满信心地尝了尝。遗憾的是有几分失望。就我们的口味而言，这菜平淡了些。由于这道菜的食材，我们以为味道会浓重得多。而它相当中和，汤淡而脂肪多。绝对不是不好吃，但我认为我们愿意加更多的香料。不过，我会说它完全满足了我的需要，让我在冬天寒冷的日子里保持温暖，充满活力。

另一道菜，我早就屡屡见到但最近才真的点来品尝的是著名的酸菜鱼。酸菜，在德国绝对有名，尤其在巴伐利亚。我们一般跟炸香肠或烤肉一起吃。来中国之前，我很是确定，酸菜是种典型的德国菜，由德国人发明，并从当地传播到全世界。然而在中国，在东北，我发现这里也有酸菜，我的调查表明酸菜最初是在中国发明的。真是个巨大的惊喜！难怪这里有许多酸菜，甚至配上鱼。所以我和朋友一起去了个以酸菜鱼闻名的地方。这是一家连锁餐厅，大多数分店都可以在大商场里找到。环境宜人，装修精致，顾客盈门。好迹象。女服务员从一开始就非常热情、亲切，甚至我们还没点任何东西，她就告诉我们，怎么通过一个特别的应用程序表达对此处的好感，从而获得店内免费的甜点。她耐心地指导我们每个人完成这个过程。而我们的甜点，一份很是精美的豆腐布丁，上面有红豆，甚至在我们点完主菜之前就端了上来。然后我们点了一大碗酸菜鱼和一些配菜。这菜不是东北菜。它起初来自重庆，现在是直辖的特大城市，有3000余万居民，位于中国内陆西南部。然而，尤其是因为东北人对酸菜的喜爱，这道菜在这里非常有名，在全城几乎处处都可以找到。那天我们到上述地方就吃到了它。怎么说呢，我为先前没尝过它而大为遗憾，因为它是一道特别的菜，这么美味，可口，的确太棒了。绿莹莹的腌卷心菜的酸味跟极其鲜香软嫩的白色鱼肉结合起来，是一种真正的味觉爆炸。我简直停不下来。虽然食量对于我们过多了，我还是吃了又吃，吃了又吃，直到肚子里实在没了地方。接着我不由得打个盹儿以消化这份美食，不过已经在梦中回家，这次跟家人在一起，并向他们推荐这道“不容错过”的中餐佳肴。

Introducing German bakery to Chinese

26 向中国人介绍德国烘焙食品

去年，我们说起了延长在中国的逗留时间。我跟最大的孩子交谈并告诉她，为了保留选择德国所有学校的机会，她得从明年开始学习第二外语。她的回答张口就来并且简单：但是妈妈，我确实已经学习了两种外语，英语和汉语。是的，但汉语没有列入德国中学的课程。拉丁语、英语和法语仍然是孩子们在德国需要学习的语言。在一些“叛逆”的学校里，你也许还会发现古希腊语、意大利语和西班牙语。可是汉语呢？最好的情况是作为最后两到四年的选修课，但你需要非常非常幸运，才能在家的附近找到一所提供这种学习机会的学校。可是怎么会这样？德国的中国问题专家太少了，大多数人对中国的了解仅限于一些刻板印象，出自奇怪而骇人的报道，提供者甚至可能从未走进中国一步。媒体以只报道耸人听闻的头条新闻添油加醋，大讲人权和其他存在但并非决定性的缺陷，而从不解释其原因或文化与历史背景。唯一看重的是点击次数和销售数字。而大家都知道人们是懒惰的。为什么寻求更深入的见解？德国是个言论自由的国家，所以我们愿意相信媒体告诉我们的一定是正确的、可信的。但是如果不告诉细节和背景也可以产生虚假信息。在这里我不想变得过于政治化，我想说的是存在对中国了解的缺乏，这是共有的事实。中国人对德国也一般知之甚少。

这就是我意欲投身其中之处。我想架设桥梁，而桥梁不是单行道。我希望（我的）孩子思想开放。我希望他们不是盲目地全盘接受所学到的、所知道的东西，能更深入地挖掘并找出更多的关于原因和背景的信息。为了让他们对中国感到好奇，提供一些文化知识和背景，我开始创作三种语言的童书系列："巴斯蒂——生活在中国"（BAST—Leben in China）。这是一套丛书，讲的是一只跟家人同来中国生活的外国小狗。对于它在新的生活环境中想知道的所有事情，毛茸茸的主角通过和一只中国小狗对话得到了答案。这些都以三种语言——中文、德文和英文写成。孩子们学到历史和文化背景以及语言技能。而这些都采取有趣的方式，押韵并配上精美的插图。起初，我认为目标受众会是生活在中国的外籍孩子。然而结果是，中国孩子和家长对这些书超级感兴趣。他们喜爱得知我们来中国时想了解什么，发现中国和德国之间的差异，他们想觉察差异，而中国父母认为孩子学会外语是必不可少的。

于是我开始在中国组织跨文化读书活动。这些活动也有些外籍人士参加，但大部分参与者是中国家庭。我举办的第二个活动是为了推出巴斯蒂丛书的第三本。这本书讲的是饮食差异。巴斯蒂遇到一只招财猫，招财猫给它讲解了中德饮食习惯的差异。为什么中国人用筷子，为什么有转桌，为什么用剪刀分割肉，为什么一桌子菜不分餐，等等。巴斯蒂也为招财猫解说了德国的饮食方式。为了以恰当的方式举行发布会，我和出色的中国团队决定提供不同种类的食物，有德国食品，也有中国食品。地点是一家优雅的小型艺术咖啡馆，经营者是位中国女士。她准备了一些美味的小吃，而我决定烤甜点。我还从一家德国面包店订购了一些椒盐脆饼，因为那是非常典型的德国糕点。活动之前两天，我在厨房里花了十一个小时，为中国读者制作美味的糕点。我成功了。他们对我所准备食物的外观和口味大为赞叹。纸杯蛋糕有四样：苹果肉桂纸杯蛋糕、奥利奥曲奇纸杯蛋糕、白巧克力奶油纸杯蛋糕和覆盆子蓝莓纸杯蛋糕。此外，我还烤了装饰精美的甜甜圈和两种不同类型的饼干：熔岩巧克力心形饼干和洛基路斯莫尔斯饼干。烘焙食品，如我们所知，并没有出现在中国烹饪史上。它是经由全球化来到中国的相当现代的东西。然而中国人喜爱这些西式烘焙食品。在这里可以找到越来越多的小型西式面包店；大型西式连锁咖啡馆，例如

星巴克，也成功地销售了这些甜点。

好奇是中国人天性的一部分，他们对西方食物的态度也是如此。这使得外籍人士如今的日子越发轻松，而且也表明中国人对我们的文化感兴趣。我尤其高兴得以通过文学和食物建立一些桥梁。在我举办的活动中，有些来宾问我，就不能想想，开一家面包店来提供这些美味的食品吗？咖啡馆主人告诉我，她心怀计划，将来租个烘焙间来开烘焙课，并问我是否可以设想某种合作，当然可以。我期待搭建新的桥梁。

The country of contrasts and possibilities

27 反差与可能性的国度

当在德国的人们听说我们生活在中国时，我被最常问到的是，噢，那么中国是什么样的？每当有人提出这个问题时，我的回答是，你有多少时间？然后我说，我可说的故事足以写成书，成为夜聊的唯一话题，甚至拍成电影，并问他们对什么特别感兴趣。猜猜怎么着？大多数人都对食物提出了刻板印象。比如，我听说他们在那边吃狗肉。或者，他们真的吃掉一切活动的东西吗？而信不信由你，我总是由于人们对中国所知之少而失望，由于他们不假思索就信以为真的种种传闻和偏见而失望，并且一再地由于他们兴致索然而失望。即便问起，他们有时也未见得真的想听你要说的话，尽管要说的真的很多，真的有趣。不过我也感谢例外的人，他们容许我讲述我的故事，他们真的有兴趣了解更多，他们给了我从事所喜爱之事的机会：建造桥梁。所以大多数时候，我都是从食物说起。

我告诉他们，当然存在吃狗肉的传统，但吃狗肉并不像他们可能想象的那样普遍。而且顺便提一下，因宗教信仰不同，食物有禁忌之说，例如猪肉和牛肉。有兴趣更多地了解这个奇妙、多面的国家的人随后会听到我说，我认为中国是反差与可能性构成的国家。我在中国经历过最坏和最好的事情，吃过最坏和最好的食物，遇到过最坏和最好的人，在这里度过了自己最好和最坏的时刻。新冠病毒流行期间，当时人们看到你这个外国人走近，会改走路的另一侧；但我也经历过截然相反的情况，你寻找一家旅馆时接触的人，即使根本不认识，也伸出援手，使你得以入住这家乡村旅馆。他们已经多年未见外国人了，仍求助于五名警察和一名出入境管理局工作人员。我经历过最有趣的事情，比如当我小心地把宝宝抱进她专用的汽车座椅时，一位女士从停车场另一边一路过来，只是为了问我是不是打算把婴儿放到后备厢里运送！她绝对不会听任我们这么干。我感到意外：天下会有任何人设想在后备厢里运送自己的孩子吗？可是看来这位中国女士认为，外国人说不定真就做得出这般怪异的事情。

同样，关于中国的日常生活，我也得说它充满了对立。一方面，它便利得多，有这么多服务我不会放弃体验，比如在线订购食物和杂货，让它当即直接送上门。或者叫出租车或滴滴，只需输入接送地点，无须多言，司机只收很少的钱就把你送到目的地。另一方面，遇到问题时，还是这些事却又能够变得非常棘手，让人气愤、费解，例如要是你收到的货物不全，或者不喜欢所订购的东西而想退回。而这些问题，尽管会汉语当然容易解决些，但不仅是语言问题引起的。中国人有时也要费挺大力气，花很多时间解决这些问题。

另一个明显的反差有关贫富，它在中国是如此接近。你可以到一家高端购物中心闲逛或购物，里面路易威登、卡地亚、香奈儿等奢侈品牌随处可见；而这家购物中心后面一路之隔，也有面积不超过 10 平方米的小店，既是工作场地，又是全家人的住所。即使在沈阳，大街小巷也挤满了不可计数的豪华汽车，涂有最怪异的个性化图案和颜色。这些昂贵汽车的司机把车停到一辆毛驴拉的小车近旁，购买小贩的水果和蔬菜。小贩看来简直买不起第二套衣服，除了眼下他身上那件。

涉及速度时，我在中国也发现了一些巨大的反差。房屋，甚至摩天大楼，在这里都能立即建成。当我们在德国待了将近五年后回到沈阳时，天际线已经发生了非常大的变化。商店关闭装修，没用几天就重新开放。类似的事情我多次经历：要去买东西，确切知道该去哪里，但是到达原本卖帽子和手套的商店时，发现自己站在一家时尚的新火锅店的入口处。另外，如果需要一位工人来自家建造小平台，你可能会在春天开始询问，而到树叶落下乃至草地在夜晚蒙上冰霜时，你的花园仍然没有平台。在简单和复杂方面也是如此。你可以随时随地用手机轻松付款，你甚至可以扫描街头乞丐的付款二维码予以资助。然而，例如，事涉开设银行账户时，就需要提供年龄和你听都没听过的文件。

我喜爱这种反差的生活。它让日常生活变得如此有趣，乃至在中国度过了五年多之后，走出家门的每一步还是一种探险。你根本不知道外面等着你的是什么，即使你已经在这里住了很长时期。生活是这般有趣和让人兴奋。我几乎天天沿着河边散步，没有一天回来没任何故事可讲。即便是普通人组成的大合唱队，周三早上聚集在高大的三好桥下，唱些让人起鸡皮疙瘩的煽情歌曲；是打扮漂亮的红衣女士，会合在树荫下练习扇子舞；是用三轮车载着 KTV 设备四处游动，邀请每位过客一展歌喉的男子；是清晨面向朝阳练气功和太极拳的团组；是在公园里拉二胡（使用琴弓，有两根弦的中国立式小提琴）的老人，或是浑河里的泳者，他们天天下水，无论时逢夏季，还是得用锯子把冰面切割开才能游泳的冬季。这里的季节和平常的生活一样相反。

所有这些反差带来了如此众多的可能性。人们接受这些可能性。在我们还在权衡利弊，沉思是否迈出一步之时，中国人直接着手去做。在我看来，这就是技术在这里发展如此之快的原因。当然，很多时候他们失败了，但至少他们尝试过，甚至老年人都拥有这种心态。在德国，许多老一辈人强烈排斥面对新技术，如智能手机等，而中国人总是热衷于跟上新趋势，这太鼓舞人心了。它创造了出人意料的可能性，就像我的情况：我实现了自己的作家梦，出版了作品。不仅在德国，而且在中国出版，克服所有障碍。我没有让它们挡住我，我不断寻找可能帮我找到途径的人，我做到了。这应当激励我们，天天如此。不断尝试，保持好奇，倾听年轻一代的意见，开阔心胸，努力互相学习，而不是试图互相教导。

致谢

Special thanks to my family, for their great support during the writing period, I couldn't have done it without you and our wonderful food moments in China.

Thank you my dear husband for taking us here, to this wonderful country and offering me the possibility to work on such meaningful projects. Thank you for always supporting me, believing in me and for your love.

除了食物，语言和文字都是我热爱的，即使我仍无法用恰当的语言表达我现在的喜悦、感激和自豪之情。要特别感谢我的家人，在这本书写作期间给予我大力支持，没有你们和我一起在中国共度精彩的美食时光，我不可能完成这本书。谢谢你，我亲爱的丈夫，带我们来到这里，来到这个美妙的国家，让我有机会去做如此有意义的事。谢谢你一直相信、支持我，谢谢你的爱！

还要感谢辽宁出版集团辽宁科学技术出版社，感谢你们给我这个机会，以及你们对我作品的信任。

非常感谢 Raines，一位才华横溢的插画家，她精彩的画作让我的文字变成画面。

感谢中国，感谢辽宁，感谢沈阳，感谢你们的热情款待和你们美妙的文化，最后但并非最不重要的一点是，感谢你们的美味佳肴。

插画创作人：Ranies

图书在版编目（CIP）数据

吃了吗？/(德)李碧雅(Rabea Maria Glotz)著；丁建新译. —沈阳：辽宁科学技术出版社，2025.2

ISBN 978-7-5591-3372-4

Ⅰ.①吃… Ⅱ.①李… ②丁… Ⅲ.①饮食—文化—辽宁—通俗读物 Ⅳ.①TS971.202.31-49

中国国家版本馆CIP数据核字(2024)第014016号

出 品 人：陈 刚
出版发行：辽宁科学技术出版社
（地址：沈阳市和平区十一纬路25号 邮编：110003）
印 刷 者：深圳市福圣印刷有限公司
经 销 者：各地新华书店
幅面尺寸：145mm × 210mm
印 张：5
字 数：110千字
出版时间：2025 年 2 月第 1 版
印刷时间：2025 年 2 月第 1 次印刷
责任编辑：殷 倩
封面设计：周 洁
版式设计：周 洁
责任校对：韩欣桐

书 号：ISBN 978-7-5591-3372-4
定 价：79.00元

投稿与合作等事务请致电：024-23280272